青少年科普故事系列

趣味植物科学故事

周爱农 主编

西北工業大學出版社

图书在版编目(CIP)数据

趣味植物科学故事/周爱农主编．—西安：西北工业大学出版社，2013.3(2015.5重印)
(青少年科普故事系列)
ISBN 978-7-5612-3645-1

Ⅰ.①趣… Ⅱ.①周… Ⅲ.①植物—青年读物 ②植物—少年读物 Ⅳ.①Q94—49

中国版本图书馆 CIP 数据核字(2013)第 062142 号

青少年科普故事系列·趣味植物科学故事　　周爱农　主编

出版发行：西北工业大学出版社
通信地址：西安市友谊西路 127 号　　邮编：710072
电　　话：(029)88493844　88491757
网　　址：www.nwpup.com
印　　刷：兴平市博闻印务有限公司
开　　本：710mm×1 000mm　1/16
印　　张：10
字　　数：141 千字
版　　次：2013 年 10 月第 1 版　　2015 年 5 月第 2 次印刷
定　　价：20.00 元

前　言

植物界是一个千奇百怪、奇趣无穷的世界。它们的生活习性非常复杂，有水生的，也有旱生的；有直立的，也有攀缘的；有独立生活的，也有寄生的；有靠孢子繁殖的，也有靠种子繁殖的。总之，它们为了适应环境，在漫长的年代里，不断产生变异，通过自然选择，形成了各种植物，而这些植物的形态和生活习性，自然就多种多样了。

为了开发、利用、改造和保护种类繁多的植物资源，让植物为人类造福，我们的祖先从很早就开始分辨他们所接触到的植物，并给以命名。随着科学文化的发展，人们把植物的知识系统化，并且记录下来，形成了今天的植物学。在这个极其漫长的过程中，植物是人类赖以生存的最根本的食物来源。历史上，至少有300种植物曾用作食物，约100种已大量种植。稻、麦、玉米、甘蔗、甜菜、马铃薯、甘薯、大豆、蚕豆、椰子和香蕉等曾是生物界最主要的食物。茶、咖啡以及酒也都是历史悠久的饮料。植物纤维不仅可提供服装原料，还可用于制绳、造纸等。林业一直是建材、燃料、纤维、化工原料等的重要来源，在水土保持、野生动物保护等方面也具有很大的作用。人类使用的煤和石油等燃料，也是埋在地下的植物在一定条件下经过很长时间形成的。从这方面来说，人类的衣、食、住、行一直都在依赖着植物，而且人类的未来发展也将与植物息息相关。可以看到，植物在维护地球生态环境和物质循环中起着重要作用，在解决当今世界面临的能源危机、环境污染、食物短缺等重大问题上也早已经大显身手。

但必须指出的是，虽然地球上的植物种类那么多，但由于人口剧增和人类对植物资源的任意开发、利用和破坏，导致森林被量砍伐，草原被过度放牧，生态环境遭受破坏，野生植物的自然分布区日益缩小，有许多物种已经在地球上消失，还有很多物种也濒于灭亡。因此，更好地认识并保护植物是人类共同的责任。我们编辑出版本书的目的正是希望引起青少年读者对植物学的兴趣，进一步自觉地重视绿化、爱护植物。

为了能让青少年读者在阅读本书时扩大知识领域，本书在内容编排上分为三个部分。通过第一部分“植物学的重大发现”青少年朋友们可以浏览到许多奇树异果、奇花异草以及粮食、蔬菜、水果的历史。同时，还可以了解到许多植物常识，如植物的“语言”“性别”是怎么回事，为什么昙花一现等。通过第二部分“植物学家的故事”青少年读者可以对历史上各国知名植物学家的奋斗历程以及主要贡献有一个大概的了解。通过第三部分“植物学科猜想”青少年读者可以了解到植物对人类未来生产、生活产生的影响，以及一些生物工程技术方面的知识。

为了方便青少年读者阅读，本书图文并茂，以讲故事的方式，力求深入浅出，寓科学性于趣味性之中，让读者在不知不觉中产生探索植物奥秘的兴趣。科学的神奇在于既能认识自然又能去改造自然。希望青少年读者从这本书里受到有益的启迪，从而有目的地去改造和控制植物，使其更好地为人类服务。

编　者

2013 年 1 月

目　　录

植物学的重大发现

植物学家的故事

植物学科猜想

植物学的重大发现

植物界是如此多姿

植物世界是一个庞大而复杂的家族，截止到 2005 年，世界上大约有 40 万种已知植物。一般认为，最早的植物出现在海洋中，它们结构简单、种类贫乏。大概经历了 30 多亿年的漫长岁月，植物的祖先才完成了由水中转到陆地，由简单到复杂，由低等到高等，由木本到草本的演化过程，加上天然杂交和多倍体的形成，才使我们有了今天这样绚丽多彩的万千品种和优良的植物资源。

植物界最简单的分类就是按照植物体结构的完善程度，分为两大类：低等植物和高等植物。低等植物包括藻类植物、菌类植物、地衣植物，高等植物包括苔藓植物、蕨类植物、种子植物。

细菌和蓝藻是地球上最原始、最古老的生物种类，它们是一群由一个没有细胞核或没有核膜的核和原生质团组成的生物，即原核生物。由它们进一步发展产生了有细胞核和细胞器的真核生物，如硅藻、黄藻、裸藻等，其结构变得稍为复杂，类型和数量也更加增多。特别是绿藻，在植物演化中居于主干地位，多数学者认为它是高等植物的祖先。藻类再经过不断进化，它们由单细胞演变到多细胞。不过，这时它们仍然只生活在水域里，海洋是名副其实的生命的摇篮。

从水生到陆生，是植物发展的第二个大飞跃。生长在水边的一些藻类，由于不断受到陆地环境的影响与考验，体内逐渐产生了输送水分的输导组织——维管束，为植物的登陆创造了条件。有些刚离开水域到陆地生活的植物还未分化出根、茎、叶，长在地下的部分和地上部分形状完全相同，所以称它为轴，有的人称它固着的部分为根状茎或根状枝。有的只有茎、根，还没有真正的叶，不少种类还过着“两栖”生活。

直至距今天大约4亿多年前的志留纪中晚期，虽然此时气候仍然炎热干燥，但是由于大气层外圈的臭氧层已经形成了一定的厚度，它具有降低杀死陆地生物的太阳紫外线强度的作用，水生植物的登陆尝试终于成功。蕨类植物中最原始的裸蕨成了登陆的第一位先锋，从此以后大陆开始披上了绿装，在植物进化史上又出现了一次大飞跃。植物到了新环境生活以后，在努力使自己的体形和内部结构适应新环境的同时，也不断地改变新环境的恶劣条件，使环境更有利于其自身的发展。到了距今3.6～2.5亿年的石炭二叠纪，地球上气候温暖潮湿，为植物提供了良好的生长条件，有的植物长得又高又大，成为大片大片的森林，有些鳞木类或木贼类植物，胸径达几米，高几十米，真是一派郁郁葱葱的繁荣景象。但到了距今约2.55亿年前左右的晚二叠纪，气候开始变化，许多不适应的植物逐渐消亡，逐渐被不断新演变出来的植物种类所代替，像那些盛极一时的古代蕨类，如芦木、鳞木、树蕨等，虽有些零零散散地保存下来，但大部分遭到毁灭。如果在一些低洼的地区，能有大量的植物残体源源不断地聚集在一起，并且该地区的地层是处于下沉的环境，其下沉的速度与植物残体大量聚集的速度相一致，久而久之就成了我们今天燃烧的煤。由于大量植物被埋藏的条件不同，所组成的植物中占主要地位的种类不同，以及距今时间不同等诸多因素，因而煤的种类也就多种多样。全世界的煤大约从3.6亿年前的时候开始大量形成，直到1.5亿年前这段期间都非常丰富。特别是3.6亿～2.86亿年这段期间，给人类提供了大量煤质好、储量大的可采煤层。这也就是地质年代表上把这段地质时间的历程称作石炭纪的由来。

裸子植物的出现。由于有了花粉管，受精过程完全摆脱了对水的依赖，从而植物才算真正地转到陆地。距今2.45亿年至0.67亿年前的中生代，是裸子植物最昌盛的时期，银杏、苏铁、松柏类是当时的主要植物。以后由于距今约160万年前的第四纪冰川的浩劫，使得世界上很多裸子植物绝灭，唯独我国还保存了银杏、水杉、银杉、台湾杉、金钱松等一些孑遗植物，它们成了举世闻名的“活化石”。

被子植物在距今1亿多年前开始出现，是进入新生代的后起之秀，它是由古老的裸子植物进化来的。它们不仅有种子，而且有果实，使后代更赋有生命力和适应环境的可塑性。早期的被子植物为双子叶植物，大多是一些热带的常绿乔木。经过漫长的演化，向着干旱、寒冷或高山地区发展，以致从乔木类型变为适应性更强的灌木和草本类型。

在植物这个绚丽多彩的世界里，我国可称得上是植物的宝库。我国的高等植物超过3万种，其中经济植物多达数千种，比欧美两洲的经济植物还多。其他，如木本植物、水果品种以及纤维、芳香油、淀粉等植物的自然资源也都极为丰富。随着国民经济发展的需要，我国这座植物宝库大有潜力可挖。

知识链接

植物是具有光和色素、能进行光合作用、具有细胞壁的真核生物。植物总共有300多个大小不同的科，最大的科是菊科，有23 000多种，最小的科是银杏科、杜仲科等，仅一种。

神奇的植物化石

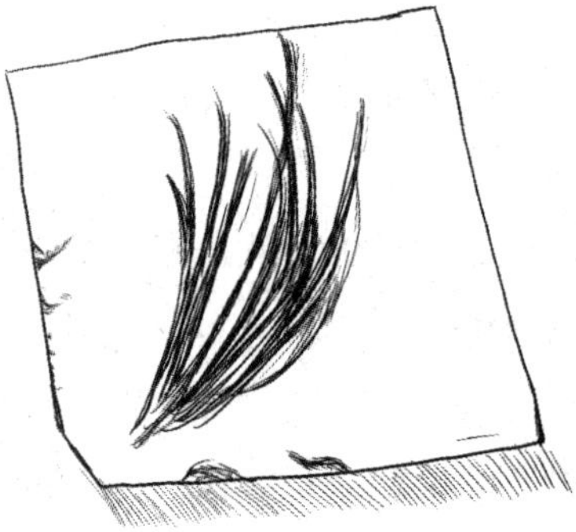

我们知道，地球距今已经有 46 亿年的历史了，在地球的各个地质时期中，气候的变化经常是很剧烈的，植物经常遭受到狂风、暴雨、洪水和雷电的袭击。植物的一些枝、叶、果实、种子、花粉和孢子等，往往会脱离植物体而落到地面上，有时甚至整个植株或成片的森林都死掉了。这些植物的大部分遗体在地表被微生物分解了，没有给我们留下任何痕迹。但是，也有一部分植物遗体或被泥土掩埋，或冲入水底而被淤泥、河沙所覆盖。由于它们与氧隔绝开来，从而避免了腐烂。它们与泥沙等物质一同胶结，在岩层的压力和地热的作用下，逐渐石化，形成植物化石。

由于沉积环境不同和保存条件的差异，因而形成化石的种类也不一样，通常有压型化石、印痕化石和矿化化石三种。

压型化石，是地质时期中的植物被泥、沙包埋以后，经过了岩化作用，原来的植物体尚有不同程度的保存。如有的裸子植物或被子植物的叶子叶脉、叶表皮都保存完好，可以用作解剖学研究的材料。有的叶肉组织被分解，只留下叶子外表的角质膜，裸子植物的角质膜较厚，所以在化石中较常见。通过角质膜上的表皮细胞和气孔器的构造形态来研究化石植物的分类和亲缘关系的叫角质膜分析。专门研究化石种子的形态、结构，来获得分类学和系统学方面所需要的性状信息的叫古种子分析。这类化石在研究上最有价值。

印痕化石，是包埋植物体的泥、沙经过岩化以后，植物体的本身却被腐烂分解，最后只留下植物体表面的痕迹。在高等植物中比较有价值而且较常见的印痕化石是叶子。在化石叶子中我们不仅能看清它的外形轮廓、叶脉形态，而且还常常能见到它的表皮毛。有的植物在茎干上的纹饰较特殊，所以茎干的印痕化石也十分有价值。如鳞木类常常是根据它叶座上所显示的印痕特征来进行分类的。由于在印痕化石上获得分类信息的量没有压型化石多，因而它不像压型化石那么有价值。

矿化化石，是植物体或它的某一部分被岩石包埋的同时，它的细胞内含物被各种矿物质所取代而形成的化石。如果它的细胞内含物被钙质所取代叫钙化化石，被硅质所取代的叫硅化化石，硅化木就是化石木材细胞的内含物被硅质所取代的结果。木化石是古代植物的茎干变成了各种矿化化石的总称，在工艺宝石中称它为木变石，用它可以制作各种各样精美的工艺品和装饰品。研究过去的古气候、古地理和古生态环境的演变需要用化石植物的研究成果，研究植物的来龙去脉更是非有化石不可，所以化石植物逐渐被更多人所重视。

根据我们肉眼对化石植物能够看得见的程度又分为大化石和小化石。顾名思义，大化石是用我们的眼睛能够直接看得清楚的，如化石叶子、果实、种子、茎干、花和多细胞藻类等化石。对一些细菌、单细胞藻类、孢子、花粉之类，由于它们个体很小，必须要用各种显微镜放大到不同倍数才能见得到的叫作化石，因为它个体微小，也有人叫微化石。由于孢子和花粉的外面有一层能忍受高温高压，不怕酸、碱腐蚀，也不容易被细菌分解腐烂的孢粉壁，因此，在一些找不到大化石植物的地质岩层中，它可以大显身手。

知识链接

过去在地球上曾经生活过，现在已经完全灭绝的植物总数要比现在活着的植物总数至少要多千百倍。有些门类的植物，大部分或绝大部分已经灭绝，变成了化石植物，在化石植物中留下一种或几种还活着，我们称它为活化石。在活化石中有一部分成了受人们瞩目的珍稀的濒危植物。

煤炭从何处而来

煤炭被人们誉为黑色的金子、工业的食粮，它是 18 世纪以来人类世界使用的主要能源之一。煤炭是怎么形成的呢？原来，煤炭是千百万年来植物的枝叶和根茎，在地面上堆积而成的一层极厚的黑色的腐殖质，由于地壳的变动不断地埋入地下，长期与空气隔绝，并在高温高压下，经过一系列复杂的物理化学变化，形成的黑色可燃沉积岩。所以说，煤炭也是植物化石，只不过我们看不清其中植物体的面貌罢了。

我们可以设想一下煤炭的形成过程：在千百万年前的地质历史期间，由于气候条件非常适宜，地面上生长着繁茂高大的植物，在海滨和内陆沼泽地带，也生长着大量的植物，那时的雨量又相当地充沛。当百年一遇的洪水或海啸等自然灾害降临时，就会淹没了草原，淹没了大片森林，那里的大小植物就会被连根拔起，漂浮在水面上，植物根须上的泥土也会随之被冲刷得干干净净，这些带着须根和枝杈的大小树木及草类植物也会相互攀缠在一起，顺流漂浮而下，一旦被冲到浅滩、湾叉就会搁浅，它们就会在那里安家落户，并且像筛子一样把所有的漂浮物筛选在那里，很快这里就会形成一道屏障，并且这个地方还会是下次洪水堆积植物残骸的地方。洪水消退后，这里就会形成一道逶迤的堆积植物残骸的丘陵，再经过长期的地质变化，这座植物残骸的丘陵就会逐渐地被埋入地下，最后演变成今天的煤矿。

在整个地质年代中，全球范围内有三个大的成煤期：在古生代的石炭纪和二叠纪，成煤植物主要是袍子植物，主要煤种为烟煤和无烟煤；在中生代的侏罗纪和白垩纪，成煤植物主要是裸子植物，主要煤种为褐煤和烟煤；在新生代的第三纪，成煤植物主要是被子植物，主要煤种为褐煤，其次为泥炭，也有部分年轻烟煤。因为形成煤的环境条件、形成年代以及形成煤的植物种类等因素的不同，所以煤的种类和相应的用途也不同。一般地说烟煤大多用于工业，无烟煤和褐煤大多用于日常生活。

除了陆地植物能形成煤以外，生活在水中的藻类植物能不能形成煤呢？近年发现，水生植物尽管个体小，植物体幼嫩，但是只要生长的量大、符合形成煤的条件，它们同样也能形成煤，不过这种煤的有机物含量较低，形如石头，所以称它为石煤。从 4 亿多年前陆地植物出现以前的志留纪、奥陶纪乃至远于 5 亿年前的寒武纪，都有石煤被发现。在陕西、浙江等地缺煤的地区，石煤是他们的主要燃料之一。有的石煤块外形似黑泥，所以有地方把它称作腐泥煤。

因为煤是大量陆地植物或菌藻植物高度集中、变质的产物，所以在煤里面很难找到可以鉴别植物特征的形态。可是在煤层中有一种叫作煤核的东西，有些矿工叫它为虎子石。这种特殊的石头中却保存着植物的组织和完好的结构形态。煤核名称的来历是由于它的形状是大小不等的块状，有的像球状，最先发现它的外国人把它叫作煤球。为了避免与我们北方日常生活中用的煤球相混淆，所以这里把它叫作煤核。煤核的有机质含量比石煤低得多，所以它在科学研究上虽然很有价值，但是不能当作燃料使用。它在煤矿中有似拦路虎阻碍煤矿的开采，所以这是矿工们叫它虎子石的原因。

现在虽然煤炭的重要位置已被石油所代替，但在今后相当长的一段时间内，由于石油的日渐枯竭，必然走向衰败，而煤炭因为储量巨大，加之科学技术的飞速发展，煤炭气化等新技术日趋成熟，并得到广泛应用，煤炭必将成为人类生产生活中的无法替代的能源之一。

知识链接

煤炭是地球上蕴藏量最丰富、分布地域最广的化石燃料。它在全球的分布很不均衡，各个国家煤的储量也很不相同。中国、美国、俄罗斯、德国是煤炭储量丰富的国家，也是世界上主要产煤国，其中中国是世界上煤产量最高的国家。中国的煤炭资源在世界居于前列，仅次于美国和俄罗斯。

谁说植物不会“说话”

在人们的眼里，植物似乎总是默默无闻地生活着，不管外界条件如何变化，它们永远无声地忍耐着。但近年来，科学研究发现，植物其实也有自己独特的“语言”，目前，世界各国的科学家们正在通过各种实验来证实并破译植物的“语言”。

20 世纪 70 年代，一位澳大利亚科学家发现了一个惊人的现象，那就是当植物遭到严重干旱时，会发出“咔嗒、咔嗒”的声音。后来通过进一步的测量发现，声音是由植物杆茎微小的“输水管震动”产生的。不过，当时科学家还无法解释这声音是出于偶然还是由于植物渴望喝水而有意发出的。如果是后者，那可就太令人惊讶了，这意味着植物也存在能表示自己意愿的特殊语言。

不久以后，英国科学家米切尔把微型话筒放在植物茎部，倾听它是否发出声音。经过长期测听，虽然没有得到更多的证据来说明植物确实存在语言，但他对植物“语言”的研究，仍然热情不减。1980 年，美国科学家金斯勒和他的同事，在一个干旱的峡谷里装上遥感装置，用来监听植物生长时发出的电信号，结果他发现，当植物进行光合作用将养分转换成生长的原料时，就会发出一种信号。了解这种信号是很重要的，因为只要把这些信号译出来，人类就能对农作物生长的每个阶段了如指掌。

金斯勒的研究成果公布后，引起了许多科学家的兴趣。但他们同时又怀疑，这些植物的“电信号语言”是否能真实而又完整地表达出植物各个生长阶段的情况，它是植物的“语言”吗？

1983 年，美国的两位科学家宣称，能代表植物“语言”的也许不是声音或电信号，而是某种特殊的化学物质。因为他们在研究受到灾害袭击的树木时发现，植物会在空中传播化学物质，对周围邻近的树木传递警告信息。

为了能更彻底地了解植物表达“感情”的奥秘，英国科学家罗德和日本科学家岩尾宪三特意设计出一台别具一格的“植物活性翻译机”。这种仪器非常奇妙，只要连接上放大器和合成器，就能够直接听到植物的声音。根据大量录音记录的分析发现，植物似乎有丰富的感觉，而且在不同的环境条件下，会发出不同的声音。例如有些植物声音会随房间中光线明暗的变化而变化，当植物在黑暗中突然受到强光照射时，能发生类似惊讶的声音；当植物遇到变天刮风或缺水时，就会发出低沉、可怕和混乱的声音，仿佛表明它们正在忍受某种痛苦。在平时，有的植物发出的声音好像口笛在悲鸣，有些却似病人临终前发出的喘息声。还有一些原来叫声很难听的植物，受到温暖适宜的阳光照射后，或被浇过水以后，声音会变得较为动听。

破译植物的语言是一项开拓性工作，因此引起了不少科学家的浓厚兴趣。经过多年的研究，虽然人们已经对植物的语言有了多种解释，但目前还有许多科学家不承认植物语言的存在。植物究竟有没有“语言”，看来只有等待今后的进一步研究才能给出答案。

知识链接

一些科学家们预言，植物语言的破译，对于植物病虫害的抑制、作物生长发育最适环境的调控、农业耕作的安排、植物各种药用成分的分离提取以及水果和蔬菜的储藏和运输等都有重要的实用价值。

叶片与光合作用

在植物界，绝大多数花草树木都有叶子。人们常把形形色色、千姿百态的植物叶片，形象地比喻为“绿色工厂”，这一座座“工厂”就开设在地球广阔的平原、山野、田间和湖海之中，它们每天在绚丽的阳光下，不断地把空气中的二氧化碳和土壤中的水分吸进来，经过加工，制造出碳水化合物等有机物质，并同时释放出大量氧气，这个生产过程就叫作“光合作用”。

据科学家估计，每年地球上的这些“工厂”竟要耗用 5 500 亿吨二氧化碳，2 250 亿吨水作为光合作用的原料，制造出 4 000 多亿吨有机物质和释放出 1 000 多亿吨氧气。全世界约 50 亿人口和无数的动物，都要依赖这些“绿色工厂”提供食物和氧气。

现在就让我们在显微镜下，仔细参观一下这座奇妙的“工厂”吧。在叶片的上下表面有一层排列紧密的表皮细胞，构成了这座“工厂”的“围墙”。有的叶子表面还长满了各种表皮毛，这对减少叶子体内水分的蒸发和抵御病虫侵犯是一种良好的防护设备。在表皮细胞间镶嵌的气孔，则是叶子与外界环境进行气体交换的门户。“绿色工厂”的主体，就是围在表皮以内的叶肉细胞，其中紧接上表皮的栅栏组织细胞呈长柱状，排列十分整齐；海绵组织细胞排列疏松多隙，并靠近下表皮。每个叶肉细胞中含有大量叶绿体，不过栅栏组织细胞所含叶绿体的数量比海绵组织细胞的多达 4 倍。如果我们把每个叶肉细胞比作一个“光合车间”，那么，每个车间里的叶绿体就是制造有机产物最精密和高效率的“机器”了。在叶片这座“绿色工厂”中，原料与产品的运输任务是由其中的维管组织系统——叶脉——来完成的。据统计，在每平方厘米的甜菜叶片上，叶脉的总长度就有 70 厘米。由此可见，每片叶子都有一个庞大的叶脉系统，它们由运输水分和无机盐的水质部导管，及输送光合产物的韧皮部筛管所构成，在整个植物体中，这些运输管道连成一体，四通八达。

在这座绿色的厂房里，你既听不到隆隆的机器声，也看不到繁忙劳动的工人。然而它却有条不紊地在进行着一系列的生产过程。首先，从气孔吸进大量二氧化碳，以及由根系从土壤中吸入水分，经过维管组织的运输，把这些原料源源不断地送到了“光合车间”，在叶绿体中进行深加工。“机器”工作时所需的能源和动力，就是来自取之不尽、用之不竭的太阳光。由叶绿体生产的产品，一是碳水化合物，通过专门运输管道——筛管——送到根、茎、果实与种子中储藏起来，以供利用；二是氧气，经过气孔排放到大气中去。

植物叶片的寿命有长有短。有的寿命有几年，有的才一年或是几个月，甚至更短。叶片的寿命长短除了与植物的本身特性有关外，与生长的环境也密切相关。但无论其自身的生长环境如何，也不管寿命的长短，它都义无反顾地、默默地进行“光合作用”。

知识链接

植物的叶子大都是扁平的，这样，叶片与外界接触面积最大，从而接受阳光照射的面积也大，这对叶片充分捕捉太阳能量进行光合作用十分有利。但有些植物由于适应特殊的生活环境和生活方式，植株上的叶子发生了变态，例如松树叶子就像一根细长的针，这样可以减少水分蒸发，抵御干旱。

你见过探矿植物吗

矿藏是地球赠与人类的宝贵财富，但一般的矿产都埋藏在地下，人们不容易发现。然而有许多植物能够成为地质勘探队员的好向导，帮助人们找到矿藏。这些植物，人们叫它们探矿植物。

在美洲有一个神秘的山谷，那里土壤肥沃、风和日丽，但到那里居住的人，都很难逃脱死亡的命运，因此当地的印第安人称它为“有去无回谷”。后来，欧洲移民来到那里，耕耘播种，种出了庄稼，获得了丰收。可是好景不长，一种莫名其妙的怪病使他们惊恐不安。患了这种病的人，眼睛慢慢失明，毛发逐渐脱落，最后体衰力竭而死。这个山谷又荒芜了。这是怎么回事呢？直到第二次世界大战结束后，地质人员到那里探矿，才揭开了其中之谜。原来，那里地层和土壤中含有大量的硒，同时又缺少硫，植物为了能正常生长，就拼命地从土壤中吸收性质与硫相近的硒，以补充硫的不足。硒有毒，植物中富集了大量的硒，人们吃了之后就会患这种怪病而死亡。地质学家弄清了“有去无回谷”的真相后，受到了很大的启发，并发现植物可以帮助人们找矿。

1934 年，当时的捷克斯洛伐克有两位科学家研究某地种植的玉米的化学成分时，发现把玉米烧成灰后，每吨灰中含有 10 克黄金，后来他们还在长那种玉米的地方找到了金矿。

铀是核工业必不可少的原料。为了制造核武器、建造核电站，许多国家都要绞尽脑汁购买或寻找这种放射性元素。在寻找铀矿的过程中，植物也能帮上忙。若是把树枝烧成灰烬进行分析，铀的含量超过正常标准，这就意味着在那种植物生长的地方有找到铀矿的希望。20 世纪 50 年代，美国科学家据此在科罗拉多高原找到了铀矿。

在我国和朝鲜的边界地区，生长着一种铁桦树，它木质坚硬，甚至连铁钉都很难钉进去，这是由于它吸进了大量硅元素的缘故。因此，在铁桦树生长茂盛的地方，就有可能找到硅矿。经过多年的经验积累，地质学家们发现，不同的植物指示不同的矿藏。在大量生长七瓣莲的地方，可能找到锡矿；在密集生长长针茅或锦葵的地方，可能找到镍矿；在茂盛生长喇叭花的地方，可能找到铀矿；在开满铃形花的地方，可能找到磷灰矿；在忍冬丛生的地方，可能找到银矿；在问荆、风眼兰生长旺盛的地方，地下往往藏有金矿；在羽扇豆生长的地方可能找到锰矿；在红三叶草生长的地方，可能找到稀有金属钽矿……

根据植物花的颜色变化人们也可以找到相应的矿藏。在我国的长江沿岸生长着一种叫海州香薷的多年生草本植物，茎方形，多分枝，花呈蓝色或蔚蓝色。科学家研究证明，它的花的颜色是铜给“染”上去的。海州香薷很喜欢吸收铜元素，当吸收到体内的铜离子形成铜的化合物时，便将花“染”成蓝色。所以凡是这种草丛生的地方，就有可能找到铜矿。1952年我国地质工作者从香薷大量生长的地方发现了大铜矿，因此香薷又有了“铜草”的美名。

赞比亚则有种“铜花”，凡“铜花”生长的地方，就可能有优质铜。据说，有家铜矿公司的地质学家，在赞比亚西北省的卡伦瓜看见“铜花”后，发现了一座富铜矿。与赞比亚同为世界产铜大国的智利，也曾根据植物进行追踪，并发现了有开采价值的铜矿。

现在已经知道，除了铜可以使植物的花朵呈现蓝色之外，锰可以使植物的花朵呈现红色；铀可使紫云英的花朵变为浅红色；锌可以使三色堇的花朵蓝黄白三色变得更加鲜艳；而锰又可使植物的花朵失去色泽……

利用植物找矿，不单要寻找某些“孤独”的特有品种，还要特别注意那些改变了自己本来面貌的畸形草木，它们往往是人们找矿的好“向导”。有一种叫猪毛草的植物，当它生长在富含硼矿的土壤中时，枝叶会变得扭曲而膨大；青蒿生长在一般土壤中时，植株高大，而生长在富含硼的土壤中时，就会变成“小矮老头”。根据它们的这种畸形姿态，便可能找到硼矿。有的树木会患一种“巨枝症”，枝条长得比树干还长，而叶片却变得很小，这种畸形的树可指示人们找到石油。

探矿植物为什么会指示矿产呢？原来，植物生长之处的地下岩层对它至关重要。地下水能溶解一部分金属，含金属的水向上渗入土壤，再被植物吸收到体内。因此，生长在铜矿上的植物能吸收含铜的水，镍矿上的草木吸收含镍的水。无论地下埋藏着什么物质，铍、钽、锂、铌、钍、钼等元素都会被水溶解一部分并带到地表上来，植物吸水后，每一段茎、每一片叶子便都累积着微量的元素。即使水深 20～30 米，植物组织仍会积蓄一部分这样的金属，所以它们依然灵敏地反映出金属物的存在。大部分金属元素在各种植物里有微量积蓄，植物需要它们，没有反而会“饥饿”生病。但是过犹不及，如果金属含量过高，对植物就会产生毒害作用。所以，在金属矿区，大部分植物都不见了，剩下来的只是那些经得起某种金属在自己体内大量积蓄的草木。于是，这些地区就只生长着这一类植物，它们便成为这种金属矿的天然标志了。

正是因为植物具有富集一些矿质元素的本质，所以人们可以有目的地筛选和培育出适当的植物，来帮助人类采矿。

知识链接

据统计，能够“探矿”的植物目前已经发现了 70 多种，它们能指示的矿物有硼、钴、铜、铁、锰、硒、铀、锌、银等。所有这些植物都是草本植物，其中有 1/3 以上属于豆科、石竹科和唇形科，还有车前科、木贼科和堇菜科等科。

当心这些植物“陷阱”

越是漂亮的植物越是危险。有的植物开花艳丽，美不胜收，却是麻醉人的毒品，如罂粟；有的植物娇嫩可人，却是致命的死亡陷阱。

马兜铃会巧设陷阱。它的花儿像个小口瓶，瓶口长满细毛。雌蕊和雄蕊都长在瓶底，只不过雌蕊要比雄蕊早熟几天。雌蕊成熟的时候，瓶底会分泌出一种又香又甜的花蜜，把小虫子吸引过来。小虫子饱餐一顿后想要返回时，却早已身不由己，陷进“牢笼”了。因为瓶口细毛的尖端是向下的，进去容易出来难。小家伙儿心慌意乱，东闯西撞，四处碰壁，不知不觉中所带来的花粉就黏到了雌蕊上。几个小时后，雌蕊萎谢了，小虫子依然是“花之囚”。直到两三天后，雄蕊成熟了，小虫子身上沾满了花粉，它才能重见天日。那时，马兜铃会自动打开瓶口，瓶口的细毛也枯萎脱落了，这个贪吃的“使者”终于逃出“牢笼”。不过，刚恢复自由的小虫子又会飞向另一朵马兜铃花，心甘情愿地继续充当“媒人”。

除了马兜铃，还有一些会设陷阱的植物。有一种萝摩类的花，虫儿飞来时细脚会陷入花的缝隙中。虫儿拼命挣扎，结果脚上沾满了花粉，小家伙从缝中拔出脚来，便一溜烟似地跑了。拖鞋兰的花儿是别具一格：兜状的花中，没有明显的入口处，也看不到雄蕊和雌蕊，只是中间有一道垂直的裂缝。蜜蜂从这儿钻进去，就来到了一个半透明的小天地里，脚下到处是花蜜。蜜蜂尝了几口，刚准备离去，谁知后面已封闭起来，没有退路了。只有上面开着一个小孔，蜜蜂只好沿着雌蕊柱头下的小道勉强穿过，这时身上的花粉被刮去了。它再钻过布满花粉的过道，身上又沾满了花粉，这是拖鞋兰花请蜜蜂带到另一朵花中去的。

另外一些植物虽然不设陷阱，但也会欺骗动物前来为自己传授花粉。其中，兰花属植物中当之无愧的“骗术大师”。杓兰是欺骗昆虫的高手，在杓兰的花里面其实并没有花蜜，昆虫只是被它的芳香所招引而投入了“陷阱”。蜜蜂一旦进入雄花，不小心就会掉进花的底部，结果里面什么也没有，它只好拼命地往外爬，这时蜜蜂浑身沾满了雄花的花粉，而后它再飞进另一个雌花“陷阱”，就能向雌花授粉。留唇兰的骗术更加高明。它的花朵的形态和颜色，活像一只蜜蜂。一片留唇兰在风中摇曳，简直就像一群好斗的蜜蜂在飞舞示威。蜜蜂有很强的“领土观念”，它们发现假蜂在那儿摇头晃脑，便群起而攻之。结果，正中留唇兰的下怀，蜜蜂的攻击对花朵毫无损伤，却帮助它传授了花粉。

向日葵又称为“朝阳花”，原产于北美洲，它艳丽的外表也隐含着骗术。向日葵的顶端有一个金黄色的圆盘，看起来像一朵美丽的大花，但事实上这朵“大花”是由 1 000 朵小花组成，金黄色圆盘的边缘是一些中性的黄色舌状小花，并不结果实，而中间棕黄色的两性筒状小花，才能结果实，边缘的舌状小黄花只起引诱昆虫的作用。被向日葵的鲜艳色彩吸引而来的蜜蜂等昆虫其实是在两性筒状花上采蜜的，它们在上面爬来爬去，这样就为向日葵传播了花粉。

知识链接

植物世界有着庞大的种群，绝大部分植物都能从阳光中获取赖以生存的“食物”，但也有部分植物发现，窃取“他人”劳动果实或许是一种更容易的生存方式，在这种情况下，它们就会巧妙地伪装，设下“陷阱”。当然，这是一个漫长的进化过程，是植物适应外界求得生存的一种自然反应。

植物激素的秘密

动物的体内有多种激素，对调节动物的生长发育有着十分重要的作用，那么植物体内有没有激素呢？回答是肯定的。科学家们把植物体内合成的对植物生长发育有显著作用的几类微量有机物质，称为植物激素，包括生长素、赤霉素、细胞分裂素、脱落酸、乙烯和油菜素甾醇等。

最早对植物激素进行研究的是进化论的奠基者达尔文。1880 年，达尔文在进行胚芽鞘的向光性实验时发现，金丝草的胚芽鞘在单方向照光的情况下向光弯曲生长，如果在胚芽鞘的尖端套上锡箔小帽或将顶尖去掉，胚芽鞘就没有向光性。达尔文认为：可能胚芽鞘尖端会产生某种物质，胚芽鞘的尖端是接受光刺激的部位，胚芽鞘在单侧光的照射下，某种物质从上部传递到下部，导致胚芽鞘向光面与背光面生长速度不均衡，使胚芽鞘向光弯曲。大约半个世纪后，一位荷兰科学家找到了达尔文所描述的这种物质——吲哚乙酸，这就是植物激素中最早被发现的成员——生长素。

现在我们知道，屋子里的花草，会自动转向有光的地方，向日葵紧紧跟随着太阳，这些都是生长激素的作用。树的树冠，上尖下粗，这也是生长素的作用。顶端芽的生长素能抑制侧枝的生长，越靠下，顶端芽的抑制作用越小，所以树冠就成了上小下大。知道了这一点，农民把棉株的尖端剪掉，侧枝增多，就有可能收获更多的棉花。绿化篱的顶芽被剪掉，于是它就不再长高，侧向发展，变得很厚，绿化效果就更好了。生长素还能促进果实的生长。人们向没有授粉的苹果、桃、西瓜等注入生长素，就可以吃上无籽的果实了。

1926 年，日本科学家在水稻恶苗病的研究中，发现感病稻苗的徒长和黄化现象与赤霉菌有关。1935 年，科学家们从赤霉菌的分泌物中分离出了有生理活性的物质，定名为赤霉素。这种植物激素最显著的效应是促进禾本科植物叶的伸长。在蔬菜生产上，常用赤霉素来提高茎叶用蔬菜的产量。另外，赤霉素还可促进果实发育，打破块茎和种子的休眠，促进发芽。

1955 年，美国科学家在烟草髓部组织培养中偶然发现，在培养基中加入从变质鲱鱼精子提取的 DNA，可促进烟草愈伤组织强烈生长。后证明，其中含有一种能诱导细胞分裂的成分，这就是细胞分裂素。第一个天然细胞分裂素是 1964 年从未成熟的玉米种子中分离出来的玉米素，以后科学家们从植物中发现了 10 多种细胞分裂素。这种植物激素的主要生理作用是促进细胞分裂和防止叶子衰老，另外，它还具有促进芽的分化等作用。

脱落酸是 20 世纪 60 年代初科学家们分别从脱落的棉花幼果和桦树叶中分离出来的。这种植物激素能够抑制茎和侧芽生长，是一种生长抑制剂。在冬天里，脱落酸使植物叶子落光，进入休眠状态。

早在 20 世纪初，人们就发现用煤气灯照明时有一种气体能促进绿色柠檬变黄而成熟，这种气体就是乙烯。但直至 20 世纪 60 年代初期，人们用先进的仪器从未成熟的果实中检测出极微量的乙烯后，它才被列为植物激素。现在我们知道，大量的水果如果被装在一个容器里，就很容易变熟，甚至变坏，这就是乙烯在“作怪”。

目前公认的第六大类植物激素是油菜素甾醇。这种植物激素具有促进细胞伸长和细胞分裂，促进花粉管伸长而保持雄性育性，加速组织衰老，促进根的横向发育，顶端优势的维持，促进种子萌发等生理作用。

虽然植物激素都是些简单的小分子有机化合物，但它们的生理效应却非常复杂、多样，从影响细胞的分裂、伸长、分化到影响植物发芽、生根、开花、结实、性别的决定、休眠和脱落等，所以说，植物激素对植物的生长发育有重要的调节控制作用。

知识链接

植物激素在植物体内含量极小，除科学研究外，生产上难以应用。因此，科学家们很早就开始人工合成植物激素，用来控制植物的生长。这些人工合成的化学物质叫作植物生长调节剂。目前植物生长调节剂已经有 100 多种，已在农、林、牧、园艺、花卉、育种、栽培管理、提高植物抗性等领域中广泛应用。

不要看不起落叶

俗话说“秋风扫落叶”“一叶落知天下秋”。深秋季节，忽然吹来一阵秋风，一片片黄叶随风飞舞，纷纷扑入大地的怀抱。那么，树木为什么会落叶呢？

早在20世纪40年代，科学家们就认为叶子的衰老是由性生殖耗尽植物营养引起的。不少实验都指出，把植物的花和果实去掉，就可以延迟或阻止叶子的衰老，并认为这是由于减少了营养物质的竞争。随着研究工作的逐步深入，人们发现，在叶片衰老过程中，蛋白质含量显著下降，遗传物质含量也下降，叶片的光合作用能力降低。在电子显微镜下可以看到，叶片衰老时，叶绿体遭到破坏。这些变化过程就是衰老的基础，叶片衰老的最终结果就是落叶。20世纪60年代初，科学家们分别从脱落的棉花幼果和桦树叶中分离出来了一种植物激素——脱落酸。

那么脱落酸是如何控制树木落叶的呢？我们知道，绿叶的主要用途是吸收太阳光进行光合作用，制造养料以及蒸腾水分。蒸腾水分可以使树木在炽热的阳光下不至于被灼伤，通常是气温越高，树木水分蒸腾得越多。一到秋冬季节，雨水稀少，空气干燥，土壤中的含水量也随之减少，满足不了树木生长的需要。再加上太阳光斜射北半球，日照时数一天天缩短，它提示树木冬季就要来临，此时树叶中就会产生脱落酸。

当叶片中的脱落酸输送到叶柄的基部时，在叶柄基部会形成一层非常小而细胞壁又很薄的薄壁细胞，科学家称这种薄壁细胞为离层。离层的形成会使水分不能再正常输送到叶子里。在脱落酸的作用下，离层周围会形成一个自然的断裂面。叶子由于得不到水分的正常补充，会逐渐干枯，自然断裂面越来越明显，经秋风一吹，便会落叶纷飞，甚至无风亦会自动飘零。秋天树木落叶能降低水分蒸腾和减少养料的消耗，让树木能安全度过寒冷干燥的冬季。

叶片里脱落酸的产生主要跟日照长短有关。秋分后，日照时间逐日变短，树木在接收到日照变短的信息后，叶片就开始积累脱落酸，当达到一定浓度时，叶片便会自动脱落。由于各种树木对日照长短变化的敏感度和水分的需求不同，因而落叶的时间也不尽相同，即使同一种树木，若所处的环境不同，其落叶时间也会不一样。因而人们常发现在瑟瑟秋风中，大多数树木的叶子已落尽，唯有靠近路灯的树上依然有树叶迎风傲立，这是因为路灯的照射弥补了自然日照缩短而造成的结果。所以，园艺上常用人工延长光照时间的方法来延缓花木早衰与落叶。而松树、柏树等常绿树木，因其叶片上有蜡质层保护，叶面又比较窄小，所以常青不落，经冬不凋。落叶树在秋季短时日照影响下，激发脱落酸累积，离层细胞迅速成熟，使树木开始落叶，有利于树木休眠过冬。

由于植物本身和外界因素的影响，组织细胞结构破坏，功能丧失，营养物质转移而导致植物某一器官乃至整个植株死亡和脱落的一系列恶化过程称为衰老。衰老是植物生活的一种适应机理，脱落是植物器官脱离母体掉落下来的现象，衰老是脱落的原因，脱落是衰老的结果。

知识链接

到目前为止，植物落叶的机理还没有被完全弄清楚，但是可以肯定，落叶尤其是温带地区的树木的落叶，是减少蒸腾，保全生命，准备安全过冬的一种本领。在植物激素中，生长素、赤霉素和细胞分裂素能抑制衰老与脱落，而乙烯和脱落酸则能促进衰老与脱落。

植物也有男女之分

人人都知道动物有雌有雄，可是对于植物也有雌雄这一点，不少人也许不大注意或不大了解。其实，在高等植物中，性别的分化情况比动物要复杂得多，以至于对植物性别的最后确认，在科学史上曾经历了一场持续一千多年的大论战。

对于植物的性别，人类在农业生产实践中早就有认识，据记载，远在三千多年前，阿拉伯人和亚述人就认识到海枣有雌雄之分。在每年的某一时期举行一个特殊的仪式，由一个男人爬到一棵雄株上，取下一个雄花序，递给一位僧侣，该僧侣把它接触到雌花序上，认为这样可以确保海枣的丰收。

到了公元前四世纪，亚里士多德认为植物没有动物那样的性别，他认为新植物是母体多余的养料产生的。此后，植物性别问题似乎被遗忘了。到了16世纪，许多科学家还完全否认了植物有性别，甚至有些人认为花朵的雄蕊是排泄器官，而花粉只是废物。直到1682年，才有人第一次明白地指出雄蕊是花中的雄性器官。10多年后，一位植物园主任观察到：在附近没有雄株的一棵雌性桑树所产生的果实只含有不成熟的种子。

受这个启发，这位植物园主任把一些雌性的桑树种植在盒里，使它们完全隔离，不受雄性的任何影响，他发现虽然这些植物生长得很好，但其果实里却没有一个能够生育的种子。后来他又发现把玉米的柱头从幼穗上去掉以后，也同样不能形成种子，于是这位植物园主任得出结论：在植物界，种子的产生是植物维持种族的普遍特性，除非有花药参加，否则不可能事先在子房内准备好幼小的植物，花药具雄性生殖器官的作用，而子房和花柱则是雌性生殖器官。此后，一连串有关发现终于向人们表明了植物后代的产生也和动物一样，都是精卵结合之后形成的。

随着科学的发展，人类对植物性别的认识有了越来越深入的了解。原来，植物的性器官就是它们的花朵，雄性器官叫作雄蕊，由花药和花丝两个部分组成；雌性器官叫雌蕊，由柱头、花柱和子房三个部分组成。就拿大家熟悉的玉米来说，顶上开的是雄花，它就是由花药和花丝组成的，花药中包含着千千万万的花粉；从玉米苞的苞叶尖上抽出来的“胡子”，则是雌花，它由柱头、花柱和子房组成，子房就是结果育种的地方。这种在一株植物上雌花、雄花分开的植物，叫作雌雄异花同株植物。而千年桐、银杏、油瓜等，虽然也是雌雄异花，但它们的雄花和雌花不生长在同一株树上，这样的植物，则称之为雌雄异株植物。属于雌雄异株的植物，如果周围没有雄树，雌树就不会结果。比如，我们要吃上香喷喷的开心果，果园里不能只栽雌树，必须间隔一段距离栽些雄树才行。水稻、小麦又不同，它们的雌、雄性器官长在同一朵花里，植物学上把这种花叫两性花，这种植物则是雌雄同花植物。更有趣的像番木瓜，它既有单性花，又有两性花，为一种“混性植物”，特别是在一些雌雄同株异花的植物上，花的性别还可随着开花的部位、植株的年龄的变化而变。如蓖麻，下部开的是雄花，中部开的是两性花，上部开的几乎全是雌花。如此看来，植物的性别比起动物来似乎要复杂得多，雌雄划分也不像动物那样明显。

在农业生产上，大多数农作物都是采收果实或者种子的。这些作物的产量由它们开花结果的数量来决定。所以，研究植物开花以及性别对农业生产有很大的意义。现在，利用植物性别来提高农林作物的产量和质量，已成为现代技术的重要组成部分之一。例如，大麻以收获纤维为栽培目的，雄株比雌株生长速度快，纤维质量好，当然栽培雄株比较经济；如果以收获种子为栽培银杏的目的，就要选择雌株；如作为城市绿化的行道树，则选雄株为好。对于那些开花时会散出很多讨厌的絮状物的雄性杨树，在选行道树时，肯定要在幼苗期就被淘汰了。

知识链接

植物与动物一样，性别也是由存在于染色体上的基因决定的，通过对植物种子或幼苗进行染色体检查，就能准确地鉴别出树木的性别。花的性别虽然主要取决于遗传因素，但也受环境条件的影响。在生产实践中，如果适当调节光照、昼夜温差和水分，就可以人为地控制花的性别。

印度天南星的变性之谜

生物世界中，变性现象并不罕见，学过生物学的人都知道，鳝鱼在幼小时是雄性的，长大后便变为雌性了；此外，还有欧洲鲈鱼等也是变性动物。那么，有没有会变性的植物呢？回答是肯定的，印度天南星就是变性植物之一。

印度天南星是一种生长在温带和亚热带地区的林下或小溪旁的多年生草本植物。它雌雄异株，且有雄株、雌株和无性别的中性株三种类型。有趣的是，这三种植株可以年复一年地互相转换性别，直到死亡为止。早在 20 世纪 20 年代，植物学家就发现了印度天南星的这种性变现象，可是长期以来，人们猜不透其中的奥妙。最近，美国一些植物学家研究发现，中等大小的印度天南星通常只有一片叶子，开雄花。大一点的有两片叶子，开雌花，而在更小的时候，它没有花，是中性的，以后既能转变为雄性，也能转变成雌性。经过进一步的观察，他们又发现，印度天南星的变性同植株体形的大小密切相关，植株高度值以 398 毫米为界，超过这高度的植株，多数为雌株；小于这个高度值的植株，多数为雄株。另外他们还发现，植株的高度值在 100～700 毫米间，都可能发生变性，而 380 毫米却是雌株变为雄株的最佳高度。

印度天南星能随环境条件的改变而改变性别的特性对其生殖有重要意义。植物在开花，尤其是在结实时需要以消耗大量营养物质为代价，具有高大体形的植株才能制造更多的养分供结实需要，所以大型植株多为雌株，这样，小型植株多为雄株。前一年为雌株的大型植株，由于结实消耗了大量的营养，第二年便又变为雄株。当环境恶劣时，雌株没有足够的养分开花结果，如果它们转变为雄株，便可以使相距较远、生长在环境较好地方的雌株有较多机会获得花粉。至于中性植株的存在，也是由体内营养物质决定的，而且同样与环境条件有关，当它既不能变为雌株，又不“甘心”变为雄株时，就只好暂为中性了。有趣的是，印度天南星不仅依靠性变来繁殖后代，还利用性变来应付不良环境。当动物吃掉印度天南星的叶子，或大树长期遮挡住它们的光线时，印度天南星也会变成雄性，直到这种不良环境消失后，它们才会变成雌性，繁殖后代。

从印度天南星的例子可以看出，高等植物的性别并不像动物那样，在胚胎时期就已决定，而要在其生长、分化和发育成熟后的某个阶段才能确定，因此高等植物的性别分化具有不稳定性。外界环境条件如营养、温度、湿度、日长、光强、植物激素等因素都对其有不同程度的影响。掌握了植物的这种特性，对那些较易改变性别的植物进行研究，通过适当的改变外界环境条件，就可以有效地控制一些植物的性别，使之向人们意愿的方向转化，目前，这方面的研究还在不断深入。不久的将来，如果人类能够控制植物的性别，成为大自然的主人，农业生产将会更上一层楼。

知识链接

植物王国的变性现象比较少见，在树木中更为稀罕，但一种名叫巴西棕榈的高大乔木也存在变性现象，在它的一生中要几次改变性别。巴西棕榈的性变与其体内获得的光能有关，一棵棕榈树获得能量较多的时候为雌性，可以开花结果；反之，则为雄性。另外，北美洲的一种最普通的树木——红枫树——也存在变性现象。

帮你认识种子植物的五大名科

种子植物是植物界最高等的类群，可分为裸子植物和被子植物。裸子植物的种子裸露着，其外层没有果皮包被，而被子植物种子的外层有果皮包被。种子植物共有300多个科，其中，菊科、豆科、兰科、禾本科和蔷薇科这5个科所包含的种类最多，大约占种子植物总数的1/4，因此它们被称为种子植物的五大名科。

种子植物五大名科的冠军是菊科，共13族1 300余属，近22万种。菊科植物中，向日葵族最大，有221属；最小的一族是万寿菊族，仅有11属。菊科几乎都是草本植物，包括大量的药用、观赏和经济植物。药用的菊科植物包括佩兰、艾纳香、火绒草、天名精、野菊、菊花、青蒿、款冬、千里光、白术、苍术、牛蒡、雪莲花、红花、蒲公英等；菊科中的经济作物包括向日葵、洋姜、茼蒿、冰片草等；菊科中有许多著名的观赏植物，如菊花、木茼蒿、金盏花、雏菊和翠菊、万寿菊、孔雀草、百日菊等；常见的菊科杂草有刺儿菜、泥胡菜、飞机草等。

兰科是被子植物中仅次于菊科的第二大科，共700属20 000多种。在兰科植物中，兰属、万带兰属、石斛属、蝶兰属、兜兰属等为重要花卉；天麻、白芨、石斛等是著名药材。此外，香果兰属中有少数种类可提取香精，有较高的经济价值。

豆科共有约690属，17 600余种，为种子植物的第三大科。豆科植物广布于全世界，其用途之大，不亚于禾本科。食用类的豆科植物包括大豆、蚕豆、豌豆、绿豆、赤豆、豇豆、菜豆、扁豆、木豆、落花生等；饲料类的有紫云英、苜蓿、蚕豆、翘摇等；材用类包括合欢、黄檀、皂角、格木、红豆、槐等；染料类有马棘、槐花、木蓝、苏木等；树胶和树脂类有阿拉伯胶、木黄芪胶、柯伯胶等；纤维类豆科植物有印度麻、葛藤等；油料类有大豆、落花生等。

五大名科的第四名是禾本科植物，约有620多属，近1万种。禾本科是种子植物中最有经济价值的一科，也是人类粮食和牲畜饲料的主要来源，除了荞麦以外，几乎所有的粮食都是禾本科植物，因此，禾本科有粮食仓库的称号。另外，禾本科也包括各种俗称为“某某草”的植物，但是，不是所有的草都是禾本科植物。同样，并不是所有禾本科植物都是低矮的“草”，如竹子、甘蔗等也属于禾本科。

排在五大名科最末一位的是蔷薇科，共有100多属，3 000余种。该科中的许多种如苹果、沙果、海棠、梨、桃、李、杏、梅、樱桃、枇杷、榅桲、山楂、草莓和树莓等是著名的水果；地榆、龙芽草、翻白草、郁李仁、金瑛子和木瓜等可以入药；玫瑰、野蔷薇、香水月季等的花瓣可以提取芳香油，供制高级香水及饮料。

乔木种类的蔷薇科木材多坚硬细致，有多种用途，如梨木为优质雕刻板材，桃木、樱桃木、枇杷木和石楠木等宜制作农具柄材。该科许多植物可作观赏，或具美丽可爱的枝叶和花朵，或具鲜艳多彩的果实，如各种绣线菊、绣线梅、珍珠梅、蔷薇、月季、海棠、梅花、樱花、碧桃、花楸、棣棠和白鹃梅等，在世界各地的庭园绿化中占有重要的位置。

知识链接

> 种子是种子植物特有的繁殖器官。一般植物的种子由种皮、胚和胚乳三部分组成，种皮起保护种子的作用，胚乳是种子集中养料的地方，胚是种子最主要的部分，它是植物体的雏形。

神奇的水杉

1948年3月25日，美国《旧金山纪事报》上登载了一条头号新闻："科学上的惊人发现——1亿年前称雄世界而后消失了2 000万年的东方红杉，在中国内地一个偏僻的小村仍然活着!"这里所说的"东方红杉"就是我国珍贵的孑遗树种之一——水杉。

水杉是一种落叶大乔木，高可达35米，其树干通直挺拔，枝子向侧面斜伸出去，全树犹如一座宝塔，是著名的观赏树木，被人们称为"树中修女"。过去人们以为，这种古老树种经过第四纪冰川的洗劫早已从地球上消失，所以我国发现了树龄约400余年的水杉树，被公认为是中国乃至世界20世纪植物界的重大发现之一。

水杉的发现要从另外一种珍贵的树种——红杉——说起。1769年，人们在美国加利福尼亚州发现了一种孑遗植物——"红杉"，这种树巨大无比，最高可达142米，最粗要十几个人才能把它围抱起来，因而成为闻名世界的珍奇树种。1941年，日本植物生态学家三木茂在研究从日本发掘出的"红杉"化石时，发现这种化石与真正的红杉有明显的区别。除了两者在球果的形态上有许多不同点外，最主要的区别在叶子，红杉的叶子是互生的，而这种化石上的叶子却是对生的。于是，他认为这种被一般古植物学家认为是红杉的化石，是一种新的植物，应该列为一个新属，于是他便在当年发表论文，把它定名为"变形红杉"。就在三木茂发现和定名水杉化石的同一年，中国人发现了活水杉。

1941年冬，湖北农业专科学校教员干铎在四川万县磨刀溪路旁发现了三棵从未见到过的奇异树木，其中最大的一棵高达33米，胸径2米。由于当时树叶已经落尽，他便托万县高级农业职业学校教务主任杨隆兴代采。

1943年7月，农林部中央林业实验所技工王战前往湖北西部神农架考察森林，经杨隆兴介绍和建议，在经过磨刀溪时采到水杉的枝叶、果实标本。王战认为该标本是水松，并做了相关记载。1945年夏，王战将一小枝水杉和两个果实交给中央大学森林系树木学教授郑万钧鉴定。郑万钧认为它既不是水松，也不是北美的红杉，在现存的杉松类中应该是一个新属。鉴于当时南京的有关资料不多，1946年秋，郑万钧将一份标本寄给了远在北京的我国著名植物学家胡先骕，请他查阅文献。后来经胡先骕认定，证实这种树木就是亿万年前在地球大陆生存过的水杉。1948年5月，胡先骕和郑万钧联名发表了《水杉新科及生存之水杉新种》一文，为水杉确定了学名并明确了水杉在植物进化系统中的重要位置。从此，植物分类学中就单独添进了一个水杉属、水杉种。

水杉的发现是中国现代植物学界最值得自豪的一件大事，也是中国植物学走向世界的重要标志之一。水杉正式命名后，受到我国和世界的重视。1948年5月，在南京中央博物院正式成立“中国水杉保存委员会”，同年7月，筹设“川鄂水杉保护区”。新中国建立之后，水杉的保护和发展进入了一个新的发展时代。如今，中国水杉的子孙已遍及世界上50多个国家和地区，架起了中国与世界各国人民之间的桥梁。

知识链接

水杉是著名的观赏植物，另外，它的适应力很强，生长极为迅速，在幼龄阶段，每年可长高1米以上，所以是荒山造林的良好树种。我国从辽宁到广东的广大范围内都有它的踪迹。此外，水杉的材质细密轻软，是造船、建筑、桥梁、农具和家具的良材，同时还是质地优良的造纸原料。

银杉——植物中的国宝

在动物王国中，大熊猫之珍贵自不待言，而在植物王国里有一种高大常绿树种，不但足以与大熊猫相媲美，而且毫不逊色，它就是生于我国南疆的大名鼎鼎的裸子植物——银杉。它是世界公认的珍稀植物之一，享有“植物熊猫”之美称。

银杉是松科家族的一颗明珠。早在一千万年前，银杉在地球上生长十分茂盛，分布也很广，欧亚、北美都有大量的分布。只是到了二三百万年前，在第四纪冰川降临时，由于南欧山脉大多是东西走向，袭来的冰川，整个覆盖了欧美各地。这样生活在欧美各地的银杉，由于不适应严寒的气候都遭到了毁灭，只有极少数形成为化石而留存后世。所以，在德国和西伯利亚偶然发现了银杉的化石时，国外的科学家们已经视为珍宝。殊不知，在中国，由于特殊的地理环境和间断性的高山冰川，使得一些低纬度、群山高耸、地形复杂的局部地方成了一些珍稀植物的避难所，得以让许多珍稀植物，在冰川袭来时，仍可以在没有冰块的地方生存。也正是这种原因，我国得以保存的古代珍稀裸子植物的种类很多，银杉便是这些幸存者之中的一员。

1955 年，植物学家钟济新带领了一支调查队来到广西桂林附近的龙胜花坪林区进行考察时，发现了一株外形很像油杉的树木。其主干高耸、挺拔秀丽，树冠如伞盖；叶似杉树叶，但不像杉叶那样呈羽状排列，而是四散状；叶片扁条形，略弯，上面亮绿色，中脉凹下，下面有两条银色气孔带。中国科学院的陈焕镛教授和匡可任教授经过鉴定，确认这是地球上早已绝灭的、现在只保存着化石的一种松科新属植物。由于银杉的叶子非常特别，每当微风吹过，便银光闪烁，十分诱人，所以就给它取中文名字为银杉。中国发现活着的银杉这一消息传出后，立刻引起世界各国植物学界的轰动，认为这是 20 世纪 50 年代植物界的一件大喜事。

银杉树身笔直、雄健，枝干平展，挺拔秀丽，是世界上观赏价值极高的风景树种之一。但同许多濒危物种一样，银杉的繁殖非常困难，从传粉到受精历时13个月；饱满种子少，寿命只有30天；饱满种子的发芽率只有51%，幼苗还不一定能长成大树……而且它还有“四喜四怕”：喜凉、喜雾、喜肥、喜净，怕高温日灼、怕渍水腐根、怕大雨溅泥、怕空气干燥。千百年来，银杉已经住惯了深山老林，但为了让世界各地的人们一睹其风姿，我国科学工作者经过许多年的努力，已经利用种子繁殖，成功地实现了银杉的人工栽培。从此，银杉获得了更大的生存机会，也可以让世界上更多的人目睹这一稀世之宝的风采。

知识链接

目前世界上只有我国有活的银杉，分散在四川金佛山、广西花坪和大瑶山、湖南界福山和八面山、贵州的道真和桐梓山区等地。近年来，在三峡库区又发现了大量的裸子植物群落，其中也生存着大量的银杉。据统计，到目前为止，我国共有生长着的银杉2 000多株。

植物与造纸

读书、看报纸、写字都离不开造纸，造纸术是中国古代四大发明之一。如今，造纸业已经成为世界十大重要工业之一。任何物件的发明，都有其产生的特定背景，都是无数发明的交融递变的产物，纸的发明以及用树木造纸的发明也不例外。

我国古代最早的文字是刻在龟甲和兽骨上的，称为“甲骨文”。后来，人们又把字用刀刻，或用漆、墨等写在竹片或木片上。这种竹片、木片大约有一两尺长，每片可以刻上10几个字，多的可以刻三四十个字。古时，竹片叫“简”，木片称“牍”。早先，汉字之所以由上到下竖写，而不像其他民族的文字多数由左到右横写，也是由简牍的书写特点而决定的。古时人们写信用不了多少竹片，如要写一本书，就不然了，必须用绳子将竹片连起来才能阅读。现在我们称书的量词“册”，就是将一片一片的简、牍穿起来的象形字。我们可以想象得出，这种用竹、木片“纸”写成的书必定是笨重而不便携带的。战国时，思想家惠施外出讲学，带的书简就装了五车，“学富五车”的典故即出于此。显然，这种笨重的“纸”，严重地影响了文化的发展。

大约在春秋时期，人们开始用丝织成的“帛”来写字。用墨水写字在帛上，要比简牍方便得多，而且帛又轻又软，还可以卷起来。现在有时称一部书为一卷书，即来源于此。可惜的是，这样的“帛纸”虽然很好用，但价格昂贵。在汉代，一匹帛相当于720斤* 米的代价，一般人是用不起的。因此，直到汉代，“帛纸”和简牍还被人们同时应用着。

* “斤”非法定计量单位，1斤=500克。

东汉时期，汉和帝的尚方令名叫蔡伦，他是一名太监，主要负责监管制造御用器物。担任这些职务，自然要考虑节省开支，价格昂贵的帛也在蔡伦的考虑之中。能不能找到一种可以替代帛的书写材料呢？不仅要与帛同样轻便易写，而且价格还要很便宜。

蔡伦经常在休息时到城外活动散步，他不由想起了郊游时看到过的漂絮的情景。所谓漂絮，就是人们利用不适于抽丝织造的次等茧来做丝棉时，先将次茧用水煮过，再铺在篾席上浸到河水里去，用棍子捣打成丝棉。从事这项手工劳作的妇女，人们称之为“漂母”。蔡伦发现漂母在漂絮的过程中，有一些残留的丝絮黏在篾席片上，等到晒干后，把残絮剥剔下来就成了一层薄薄的絮片。有些买不起帛的穷人就利用这种絮片写字，不过在这上面写出的字非常模糊。

由于丝制品价格贵，一般老百姓穿不起，那时还没有棉花，平民百姓能穿的，只是麻制品。人们将麻的皮剥下来，仍用在水中漂洗捣打的方法，制成适合于织造的麻纱。在这过程中，也会在篾席上留下麻絮。蔡伦发现，也有人利用麻絮片来写字的。“嗯，这倒是个办法，也许可以试试。”于是，蔡伦当起了“漂母”。他将那些留在篾席上的丝絮和麻絮收集起来，放在水中继续漂洗捣打，将它们弄得很烂，再用席子把它们捞起来滤掉水分，晒干后就成了一些薄薄的、细密的絮片。用它来写字，效果竟同帛差不多，纸就样诞生了。后来，造纸术逐渐由我国传入了朝鲜、日本、印度和阿拉伯，又经非洲北部传到了欧洲。

在蔡伦发明造纸术之后的很长时间里，造纸原料一直是亚麻和棉碎布。随着时代的发展，人们对纸张的需求迅速增长，亚麻和棉碎布已经供不应求了，去哪儿找制造纸张的新原料呢？

1713 年，有个名叫罗蒙尔的法国生物学家，偶然在院子里看到了一只马蜂在屋檐下衔木筑巢。马蜂先飞到树上，在树枝上咬下一点木屑，然后飞回吐出来涂在巢座上，便成了倒形莲蓬状的马蜂窝。蜂窝分有许多细格子，每个格子呈六角形，格子的壁又匀薄又结实，风吹也不怕，有点像纸。罗蒙尔一边观察，一边记录，他想：小小的木屑，黏结起来不也能成为一张纸吗？几年后，罗蒙尔根据自己的研究，向法国科学院递交了一篇论文。论文中说，马蜂能够从一般树木中提取些小木屑，而后造出了像我们使用的纸状物来，这似乎在诱发我们：可以不用破布或亚麻造纸，而改用木头去试一试。

1738 年，德国人希费尔博士沿着罗蒙尔的思路继续对马蜂窝进行更为详尽的研究。他把马蜂窝分解，割下一块块的巢壁，用清水泡、热水煮，最后得到了一丝丝长短不一的木材料纤维。为了证实自己的观点无误，他又找来了各种各样的植物，包括常用的造纸原料在内，如棉花、亚麻、核桃木等，进行了大量的试验。虽然他费了好大的劲，刀切斧砍锤子砸，分离出了一些纤维，可是由于加工设备不行，终究也没有弄出结果来。

1844 年，德国一位名叫凯勒的机械设计师一直在尝试从木材中把纤维分离出来。有一次，他随手捡起了一块表面凸凹不平的石头，来回摩擦木块，居然得到了一丝丝的纤维，顿时使他兴奋极了！于是，凯勒连夜绘出了一种能够沿轴心不停地转动的石器，几经修改，进而发展成一种被称为磨石与活动连杆联合的机器。接着，他请人加工制作，不久，一架最早的磨木机由此诞生。当看到这种机器把一段一段的木头连续地磨碎变成纸浆的时候，凯勒的心像开了花似的。由磨木机生产出来的纸浆叫作磨木浆。

由于磨木机的速度快，生产量大，木头的价钱比亚麻低得多，因而造纸厂的老板很高兴，乐意生产磨木浆。他们说，磨木浆的成本便宜，制成的纸吸油墨又快，拿来印报纸是很适用的。于是，许多报社纷纷订货，这样，人们约定俗成地把用磨木浆为主要成分生产的纸，称为新闻纸。

经过不断地发展，现在用树木造纸的过程已经比较简单：砍下树木，切成小木片，放入巨大的蒸煮锅内与化学物质混合，在高温和高压下，纤维就分离，形成木浆。木浆经去除松香、树脂之类的杂质后，加入化学染色剂或漂白剂，从大缸的狭缝流入一个不断移动的筛网上，筛网将水排出，留下绝大部分的纤维。随后所形成的纸浆经滚压除去更多的水分，再通过一组蒸汽加热的滚筒烘干，纸张就成形了。

知识链接

树木富含纤维素，这是一种韧性极高的材料，是所有植物的细胞外壳——细胞壁——的重要成分，抗微生物腐蚀能力还很强。树木长得越高大，就需要越多纤维素支持树干，而这些纤维素正是造纸的最佳原材料。

年轮在说话

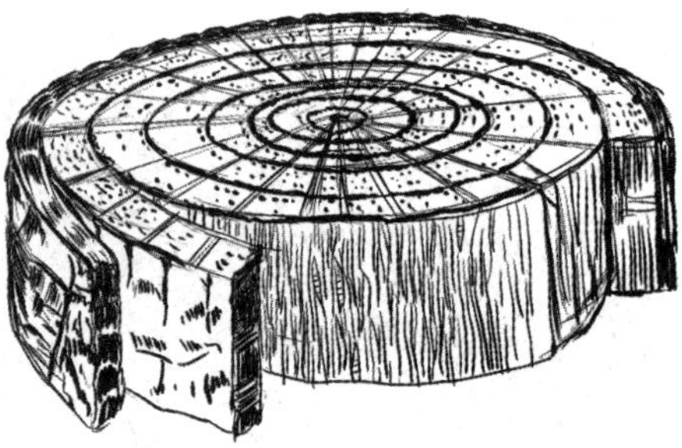

自然界中的树木都是比较长寿的，有百年以上的大树，也有上千年的古树。那么，人们如何知道它们的年龄呢？“数年轮”就是很好的方法之一。从砍伐后留下的树桩上，能清晰地看到一圈套着一圈的许多同心圆，这些就是树木的年轮。

年轮是怎样形成的呢？当树木茎干的形成层细胞分裂时，树的直径就增加了，树内形成的新细胞形成木质部分。在春季及夏初生长期形成的细胞，通常比夏末秋初大得多，所以木质颜色浅而宽厚，被称为早材。而夏末秋初生的细胞较小或根本不生长，所以这从木质部看上去颜色深而窄，被称为晚材。早材与晚材逐渐过渡而形成一轮，而晚材与次年早材之间则形成界限分明的轮纹，这就是年轮。年轮一年一轮，查查有多少圈年轮，就可以知道这棵树有多少岁了。

古人很早就知道树干里面有年轮，但对年轮进行研究并取得了重大成果的是美国科学家道格拉斯。20 世纪初，道格拉斯在一个伐木场考察新伐树木的年轮类型时意外地发现，该地区与附近地区的树木年轮类型几乎一模一样。例如，它们在近树心处都有两道薄薄的年轮，而外围的 3 道年轮却很厚。道格拉斯马上把这种现象与气候联想在一起，并推测，在当地有 2 年坏天气和 3 年好天气。因为植物在恶劣气候中的生长速度必定减慢，形成的年轮就薄，而在好气候时正好相反。

道格拉斯后来还发现，树木处轮宽窄的变化具有 11 年的周期。他从美国、英国、挪威、瑞典、法国和奥地利等国广泛搜集粗大的树木进行分析，都得出了同样的结论。那么，是什么原因造成树木年轮有规律地变化呢？研究了好久，他终于茅塞顿开，太阳黑子数不是有 11 年变化周期吗？他把树木年轮变化和太阳黑子数变化一对比，两种变化居然相同！原来是太阳辐射的变化影响了树木的生长。根据自己的研究成果，道格拉斯后来创立了一个新的科学学科——树木年代学。在道格拉斯之后，许多科学家又对年轮形成的生理过程与气候的关系作了深入剖析，对样本树种的选择和年轮序列的统计分析等有了新的认识，逐步建立了另一门新学科——年轮气候学。

如今，年轮已成为科学家研究的一个重要领域。人们用一种专门的钻具可以从树皮直钻到树心，取出一个有全部年轮的薄片。用这种方法，不需再砍倒树木就可计算出树木的年轮。通过对年轮变化规律的研究，科学家们不但能发现年轮纪录的诸如地震、火山爆发、大气污染等环境变迁的资料，而且还可以用这份很有价值的自然历史纪录卡来分析当地的气候变化规律，推测未来气候的变化，为制定超长期气候的预报和规划造林方面提供指导和参考。近年来，科学家们还发现年轮还能为冰川学、水文学、地球物理学等方面的研究提供可靠的科学资料。年轮，真可说是一部记载历史的无字“天书”。

知识链接

一个年轮代表着树木一年中生长的情况。但是，也有一些木本植物如柑橘每一年能够有节奏地生长三次，形成三轮，这被称为“假年轮”。在热带地区的树木，由于气候季节性的变化不明显，年轮往往也不明显。所以，由年轮计算出来的树木年龄，只能是一个近似的数字。

植物中的神奇“胎生”物种——红树

我们知道，动物大多是胎生的，所谓胎生就是胎儿在母体中发育完全后，生下来的幼小个体就能独立生活。在自然界中，有些植物也有“胎生”现象，红树就是其中之一。

一般植物的种子成熟以后，马上脱离母树，而且要经过一段时间的休眠，然后在适宜的温度、水分和空气的条件下，在土壤里萌发成幼小的植株。但是红树的种子成熟以后，既不脱离母树，也不经过休眠，而是直接在果实里发芽，吸取母树里的养料，长成一棵胎苗，然后才脱离母树独立生活。为什么红树胎生呢？原来这和它特殊的生活环境有密切关系。

红树是一种小乔木，高 2～12 米，生活在热带、亚热带沿海一带的海滩上。在这些地方，红树和别的树木一起，组成了红树林，红树林里有常绿的乔木和灌木，树林非常稠密。海滩上每天都涨潮和退潮，涨潮时，树木的树干全被海水淹没，树冠在水面上荡漾；退潮后，棵棵树木又挺立在海滩上，形成了海滩上的奇特景观。

红树所处的环境极其不稳定，潮水的涨落对它的威胁极大，如果没有非凡的本领，就休想在海滩上定居下来。就拿种子萌发来说，如果红树种子成熟后，马上脱落坠入海中，就会被无情的海浪冲走，得不到繁殖后代的机会。可是，红树靠着种子胎生，却能世世代代在海滩上繁衍生息。

红树每年开两次花，春季一次，秋季一次。一棵红树花谢以后，能结出 300 多个果实。果实细而长，长度一般在 20 厘米以上，每个果实中含有一粒种子。当果实成熟时，里面的种子就开始萌发，从母树体内吸取养料，长成胎苗。胎苗长到30厘米时，就脱离母树，利用重力作用扎入海滩的淤泥之中，几小时以后，就能长出新根。年轻的幼苗有了立足之地，一棵棵挺立在淤泥上面，嫩绿的茎和叶也随之抽出，成为独立生活的小红树。如果胎苗下坠时，正逢涨潮，便会马上被海水冲走，随波逐流，漂向别处，但胎苗不会被淹死，因为它的体内含有空气，可以长期在海上漂浮，不会丧失生命力，有的甚至能在海上漂浮两三个月，一旦漂到海滩，海水退去时，就会很快地扎下根来，成为开发新“领土”的勇士。经过几十年，又会繁衍成一片红树林。

红树在适应海滩生活方面，除了具有胎生本领之外，还能长出许多支柱根和呼吸根。它的一条条支柱根，从树枝上生出，直插海滩的淤泥中，全力支撑着浓密的树冠，成为抵御风浪的稳固支架，它们聚成丛林，可以护堤、防风、防浪，保护沿海农田不受海浪或大风的袭击，形成一道道坚不可摧的铜墙铁壁。而且它们那些纵横交错的支柱根，挡住了陆上冲来的泥土，加速了海滩淤泥的沉积，使海岸不断向大海延伸，所以红树林也被人们誉为“造陆先锋”。

红树浑身全是宝，其木质坚硬细密，可做家具，是建筑与桥梁用材，红树的叶和花是鱼虾的天然饲料，树皮可提炼成鞣皮革的单宁，还可以制药，果实可以酿酒，其经济价值是很高的，很有进一步开发利用的价值。

知识链接

在种子植物中，不只红树有胎生本领，生长在东南亚沼泽地带的天南星科植物纤毛隐棒花和生长于墨西哥、中美洲和印度群岛的佛手瓜以及马鞭草科的红海榄、紫金牛科的桐花树、红树科的秋茄树和草本植物胎生早熟禾等，都是胎生植物。

榕树的秘密

俗话说，独木不成林，然而，大千世界，无奇不有，在世界上很多地方都有一棵树长成的“独木林”，这种树就是榕树。

在公元前三世纪，欧洲植物学之父，古希腊伟大的自然科学家乔奥拉斯特曾经做过这样的描写：在印度生长的榕树，直径通常是 10～12 米。这种树竟能从自己的枝丫，不是从嫩枝上，而是从去年的、甚至更老的枝丫上长出根来。这些根一直延伸到地里去，在树干的周围好像构筑了一道栅栏，里面通常住着人，这种树的树顶绿叶茂密；整株树圆滚滚的，非常巨大，绕着树干走一圈有时候要走 60 步，一般是 40 步。

孟加拉国的杰索尔地区，还有一棵更大的榕树，那是一片闻名世界的榕树独木林。这棵孟加拉的巨榕已有 900 多岁，600 多根树干亭亭玉立，树高 40 多米，树冠巨大，投影面积达 42 亩之多。据说，过去曾有一支六七千人的队伍，在酷热的夏天，行军到这棵树下，汗流浃背，疲惫不堪，借着榕树凉爽的树荫，避过了正午难以忍受的暑热。

榕树为什么能“独木成林”呢？原来，榕树属桑科植物，生活在高温多雨的热带、亚热带地区，枝叶繁茂，终年常绿。它的树干长了许许多多的不定根，有的悬挂半空，有的已插入土中，因此，也叫气生根。榕树的气生根有粗有细，粗的如水桶，细的如手指，新长出的气生根较细，以后越长越粗，形成了一根很粗很粗的树干，那些扎入地里的气生根共同支撑着巨大的树冠。一棵大榕树的气生根，少则百条，多则千条。这些能支撑树冠的气生根，人们也叫它支持根。一棵榕树由小树长成大树，随着气生根的增多，从土壤吸收的养料也越来越多，树冠也长得越来越大。

榕树除去有庞大的树冠，离奇的气根之外，在它身上还附生或寄生着多种其他植物，有苔藓、石斛、兰草、藤蔓……它们的枝条从大榕树的顶端像头发一样披散下来，又钻入土中。有的寄生植物缭绕盘结在大榕树的主干上，一簇簇的热带兰花生在大榕树的枝杈里，飘落下阵阵幽香，仿佛是一座“空中花园”！花园自然引来无数的小鸟，于是又成了鸟类的天堂。

奇妙的榕树带来了奇迹般的古迹。云南德宏傣族自治州的首府芒市，有一处榕树抱佛塔的奇观。相传五六百年前，一位僧人在这里修建了一座小佛塔。不知过了多少年，塔顶长出一颗小榕树，小树渐渐长大，它的根须顺着塔缝向下延伸，扎入土中，渐渐发育成高大的树干，把塔紧紧地箍在中间，其中有些根须还扎在泥块结构的佛塔躯体里，在佛塔的腹心中发展起来。在风蚀雨剥和大榕树的袭击下，佛塔最后开裂倾斜了，而大榕树却枝繁叶茂，将高达 8 米的佛塔全身包裹，人们称之为树抱塔。

在广东省顺德县容奇镇桂州乡还有一座“树桥”的奇观。据传说，在 200 多年前，当地人考虑以木搭桥未必耐久，便在河边种了一株小叶榕树，并用大毛竹牵引它的气根，延伸到河的对岸，共有三根，后来，这三根气根渐渐长得粗壮，人们便在上面搭铺木板，成为一座异趣迥然的风景桥。奇怪的是，后来，这株大榕树自身又伸出一条四米多长的气根跨向对岸，高出桥面约 70 厘米，成了一道天然而又别具一格的桥栏杆，四方游客慕名远道而来，莫不为这大自然的巧工惊叹！

知识链接

植物为了适应特殊的生活方式或特殊环境，它们的根、茎、叶的形状、结构和用途常常会发生很大变化，这种变化属于变态。榕树的气生根就是发生变态的根。植物的变态根种类很多，包括常春藤的攀缘根，胡萝卜、甘薯和甜菜等的储藏根，一些生长在淤泥或沼泽地区的植物的呼吸根等。

龙血树的长寿秘诀

俗话说：“人生七十古来稀。”人活到百岁就算长寿了。但是人的年龄比起一些长寿的树木来，简直微不足道。在植物王国，年龄超过 100 岁的树木有很多：苹果树可以活 100～200 年，梨树能活 300 年左右，枣树可活 400 年，榆树可以活 500 年，樟树则可以活 800 年以上，松树可以活 1 000 年。有人说，雪松能活 2 000 年，银杏能活 3 000 年，红桧能活 4 000 年，它们应该算是长寿植物了，但与“长寿之星”龙血树相比，它们只能算是小弟弟。

龙血树原产非洲西部的加那利群岛。这些岛屿是古代火山爆发以后形成的，遍布群岛的肥沃的火山灰土和温暖的气候造就了岛上葱茏的植被。1799 年，德国著名的博物学家洪堡德与法国植物学家邦普兰一起，赴中南美洲考察，历时 5 年。稍后，洪堡德一个人来到位于北回归线附近的加那利群岛，马上被岛上丰富多彩的植物世界所征服。在浩瀚如海的树林中，他发现了一棵树皮略显灰白、在高高的顶端分枝的老树，其主干高达 15 米，树干围粗达 5 米，在长长的枝条端部簇生着剑形的叶片。只是由于树干的中心已被蛀空，因此在离地 3～4 米处被大风吹断而斜倚在地上，断处的直径也有 1 米多粗。洪堡德将树干外围的年轮仔细地数了一遍，发现光是外围的年轮就有 2 000 多圈。如果加上蛀空的部分，估计年轮约有 8 000 多圈，就是说它已经生长了 8 000 多年。后来几经鉴定，确认这棵树就是百合科的高大乔木——龙血树，并且确认龙血树为世界上最长寿的树。

龙血树茎干上的树皮如果被割破，就会分泌出深红色的像血浆一样的黏液，这种液体是一种树脂，暗红色，俗称“血竭”。加那利群岛上的当地人传说，龙血树里流出的“血竭”是龙血，这是巨龙与大象交战时，血洒大地而生出来的。在古代，人们用龙血树的树脂做保藏尸体的原料，因为这种树脂是一种很好的防腐剂。另外，它还是古人们做油漆的原料。后来人们发现“血竭”能当药物，有止血、活血和补血等三大功效，是治疗内外伤出血的重要药品。

龙血树之所以长寿除了和它的生长速度有关之外，也与它能够分泌“血竭”有关。我们知道，长寿的植物往往生长缓慢，龙血树在一年之内树干加粗还不到一厘米，一棵树干直径一米的龙血树年龄早过百年，所以龙血树长寿和它的生长速度非常缓慢有密切关系。其次，也和木质部能分泌防腐树脂有关系。各种树木到了老龄时，树皮往往开始破损，病虫也随之侵入，里面的木质部就会开始腐烂，出现树洞，如果木质部进一步腐朽，整个植株就会死亡。事实上很多树木都是死于根茎木质部的毁坏。龙血树的红色树脂具有防腐作用，很好地保护了根茎，使生活了几千年的老树根茎仍然强健。另外，在岛屿上环境气候变化不大，龙血树在这种环境中生长，寿命自然长久。

龙血树为百合科龙血树属植物，同属的植物约有 150 种，其中除有高大的乔木外，还有直立单茎和矮生多茎的种类。不少种类的叶片上具有色彩斑斓的条纹和斑块，所以龙血树还是观赏价值很高的观赏植物。

知识链接

我国科学家于 1972 年在西双版纳的石灰岩地带，发现了大片野生的龙血树。这种龙血树的叶片形似剑状而坚挺，故称剑叶龙血树。它虽然与加那利群岛上的龙血树不同，但分泌的“血竭”成分却完全一致。现在，它与传统的“云南白药”并称为“云南红药”。

什么是珙桐

有这样一些植物，它们曾在几亿年前的地球上生长过。开始人们只是在化石中发现过它们的踪迹，但忽然有一天，在地球的某一个角落里人们又发现了它们的身影。它们悄悄地、不惹人注意地在这个角落里自由地生长着，并不在乎现今植物“户籍”中没有自己的“户口”，这种植物被称为“孑遗植物”，珙桐就是这样一种珍稀植物。

珙桐是一种落叶乔木，高可达 20 米，它是 1 000 万年前新生代第三纪古热带植物区系的孑遗种。地球上第四纪冰川期过后，很多树种都绝灭了，而我国南方一些地区，由于地形复杂，在局部区域保留下一些古老的植物，珙桐就是那时候幸存下来的成员之一。

1896 年，曾在我国发现了大熊猫、金丝猴等珍稀动物的法国神父戴维在四川省穆坪看到了珙桐。当时正值开花季节，珙桐树上一对对的白色花朵躲在碧玉般的绿叶中，随风摇曳，十分有趣。远远望去，仿佛是一群白鸽躲在枝头，摆动着可爱的翅膀，做出振翅欲飞之态。顿时，这位神父被眼前的奇景迷住了，回国后向人大肆宣扬自己的亲眼所见。从此以后，许多欧洲植物学家为了一睹奇树的真容，纷纷远渡重洋来到中国，他们不畏艰险，深入到四川、湖北等地进行考察。1903 年，珙桐首先被引种到英国，以后又传到其他国家，渐渐成为欧洲的重要观赏树木，并被欧洲人誉为“中国鸽子树”。

珙桐现已成为世界著名的观赏植物，是世界各地重要的园林树种，观赏花木中的上品。珙桐虽然曾经是我国特有的珍稀树种，但在我国被重新发现却比较迟。20 世纪 50 年代，周恩来总理到日内瓦参加一个国际会议，在他下榻宾馆的院子里看到了珙桐树，总理感到新奇，询问此树何名，宾馆主人回答说：“这是从贵国引进的树种，名叫‘鸽子树’。”周总理回国后，向有关人员打听，并希望植物专家能寻找到“鸽子树”。不久，昆明的一个植物研究所报告说，他们在云南发现了这种树。从此珙桐才开始进入我国的庭院。

关于珙桐，民间还流传着一个动人的传说。相传在2 000年前的汉代，王昭君出塞，与呼韩邪单于结为夫妇。她日夜怀念故乡，每日清晨总要向南祈祷。天长日久，随王昭君同去的白鸽也跟着一起向南点头。有一年新春佳节，昭君怀念故乡，于是便写了一封书信托白鸽送去。于是，一群白鸽结伴传书，一路上穿云雾，搏风雨，翻越了99座山，飞过了99条河，经历了99个日日夜夜，终于飞到王昭君的故乡秭归，这群白鸽栖息在鸽笼般的桐树上，化为振翅欲飞的洁白鸽子花。此后，每年春天，鸽子花开，表示它们代表昭君在向故里的乡亲们问好。至今，珙桐仍然有着和平的象征意义。2008年12月23日，17棵珙桐树苗与大熊猫“团团”“圆圆”一起，搭乘专机飞往宝岛台湾，成为了两岸人民相互扶持的见证。

珙桐现在是我国8种一级重点保护植物中的珍品，属于珍稀名贵观赏植物。另外，珙桐的经济价值也很高，它的果实含油量为47%～67%，种子和果皮都能榨油，是优质的食用和工业用油。它的果肉可提炼香精，木材又是制作细木雕刻、名贵家具的优质原料。

知识链接

我国自然野生的珙桐都生长在深山密林之中，如湖北的神农架、贵州的梵净山、四川的峨眉山、湖南的张家界和天平山以及云南的东北部地区。它们大多生长在海拔1 200～2 500米的山地，最大的可高达30米，树龄超过百年以上。

光棍树——树中的“光棍”

在西双版纳的热带植物园里，偶尔会遇到一种怪怪的树：整个树身不见一片叶子，满树尽是光溜溜的碧绿的枝条，若折断一小根枝条或刮破一点树皮，就会有白色的乳汁渗出。根据它的奇特形态，人们给它起了个十分形象的名字，叫“光棍树”。

光棍树属大戟科灌木，高可达4～9米，因为它的枝条碧绿，光滑，有光泽，所以人们又称它为绿玉树或绿珊瑚。为什么光棍树不长叶子呢？它靠什么来制造养分，维持生存呢？要想揭开这个谜，我们还是先来看看它的故乡的生活环境吧。光棍树原产东非和南非。由于那里的气候炎热、干旱缺雨，蒸发量十分大，在这样严酷的自然条件下，为适应环境，原来有叶子的光棍树，经过长期的进化，叶子越来越小，逐渐消失，最终变成今天这副怪模样。光棍树没有了叶子，就可以减少体内水分的蒸发，避免了被旱死的危险。虽然光棍树没有绿叶，但它的枝条里含有大量的叶绿素，能代替叶子进行光合作用，制造出供植物生长的养分，这样光棍树就得以生存了。但是，如果把光棍树种植在温暖潮湿的地方，它不仅会很容易地繁殖生长，而且还可能会长出一些小叶片呢！生长出的这些小叶片，可以增加水分的蒸发量，从而达到保持体内水分平衡的目的。

非洲沙漠中还有一种叫阿康梭锡可斯的丛生灌木。这种葫芦科植物同人差不多高，全身也不长一叶，但它身上却布满了成对的尖刺，原来这就是它退化了的叶子。这种植物根系十分发达，向下可深达15米，能钻入沙漠深处吸收地下水。根深，叶子缩成针状，就是它对付干旱的两大绝招。

最有趣的是原产欧洲的假叶树，人们看到的“叶片”全是假的，而真正的叶片已退化成鳞片状。当鳞片状真叶子长出不久，便从叶腋间长出扁平状的短枝，它不仅形状像叶子，而且还是绿色的，能代替叶片进行光合作用。到了开花季节，在叶状枝的中央开出淡绿色的花，不久便结出惹人喜爱的小果，果实成熟后呈红色，形成“叶上果”的奇观。

分布于我国内蒙古、甘肃、青海、新疆等地的梭梭也是一种叶子已经退化的“光棍树”。梭梭一般高 1～5 米，它的根系十分发达，一般主根深达 2 米多，最深者可达 4～5 米以下的地下水层。梭梭耐风沙，即便受到沙埋以后，仍然生长旺盛，所以梭梭是重要的固沙植物，对治理沙漠具有重要作用。

在我国的广东、福建沿海还可见到另一种不长叶子的植物——木麻黄。它原产于澳大利亚和太平洋的岛屿上，我国引进后主要用作滨海防护林带，控制风沙的侵袭。

木麻黄是一种高可达 20 米的常绿乔木，在它轻柔的枝条上长有许多灰绿色的针状物，远看上去，倒是有点像松树的松针，为此它又叫“驳节松”。但只要仔细观察，就会发现它同松树完全不同，木麻黄那灰绿色的针状物其实是它的枝条，可它的功能却与松针一样，里面都含有叶绿素，可以进行光合作用。不过，木麻黄实际上也可说是长有叶子的，细看的话，在它的枝条上有许多节，节上轮生着细小的鳞片状物，那就是它退化了的叶子。由于枝条也能进行光合作用，为抵抗强风和干旱的需要，这些叶子很自然地就将自己缩小，以至于我们几乎看不出来了。

知识链接

有人误以为光棍树也是仙人掌科植物，其实不然，它属于大戟科植物。大戟科植物多数有乳汁，花很小，可与仙人掌科植物相区别。此外，大戟科植物多有毒性。像蓖麻、乌桕、木薯、油桐等都是大戟科植物。

橡胶历史大揭秘

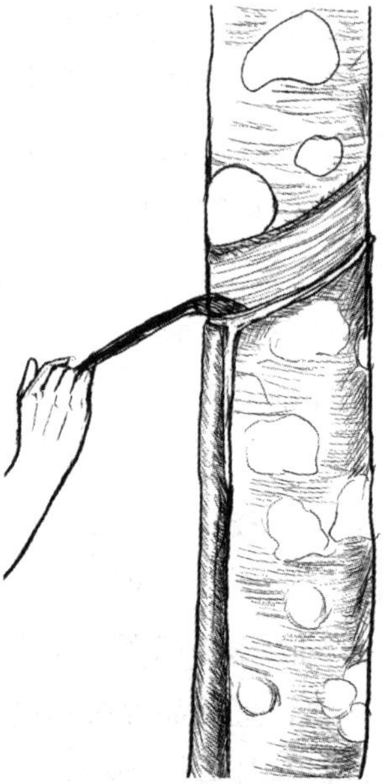

橡胶、钢铁、煤炭、石油并称为四大工业原料。橡胶是用橡胶树上分泌的乳液经人加工制成的。虽然世界上能分泌出胶汁的还包括橡胶草、银色橡胶菊以及中药用的杜仲树等植物，但产胶量最高、胶质最好的还是橡胶树。

橡胶树又名巴西橡胶、三叶橡胶树，它是一种高达 20～40 米的高大乔木。从橡胶树干上割取的乳液即为干胶，是目前天然橡胶的主要来源。

橡胶树的故乡在南美洲，当地印第安人称之为“卡乌巧乌”，意思是“树的眼泪”，因为橡胶是从橡胶树皮里流出的白色树汁。印第安人早就将树汁晒干，得到弹性很强又能防水的橡胶，聪明的印第安人把它做成黑色的圆球、雨鞋等物件。

1493 年航海家哥伦布第二次航行到美洲的海地岛时，看到印第安人在唱歌时，用一种球按歌的节拍在玩耍，这种球落到地面会弹得很高，使哥伦布大为惊奇，他向印第安人打听后才知道，它是用“树的眼泪”——橡胶——做的。于是，哥伦布把这种橡胶球带回欧洲，它曾经成为西班牙王宫里的新鲜玩意。然而，虽然橡胶来到欧洲，但当时人们却不知道它有什么用处，就此，它进了博物馆，竟在博物馆沉睡了 300 年之久，而无人问津。

到了 1823 年，人们再也不愿意让橡胶在博物馆里沉睡下去了。一个名叫马幸托斯的苏格兰人，首先投身于解放橡胶的事业。马幸托斯把橡胶压成薄片，再用两层布夹着它再缝合起来做成雨衣。虽然，这种雨衣可以防雨，但用不了多久，就会带来麻烦，因为，它在夏天会变成糨糊般黏稠，冬天又会变成玻璃般硬脆，因此，不受人们欢迎。马幸托斯创办的雨衣厂，不久就倒闭了。

真正把橡胶从博物馆里解放出来的是美国工人古德伊尔。古德伊尔出身于穷苦工人家庭，小学没有毕业就去做工。他是一个道地的“化学迷”，一有空当，就把自己的破房当实验室，把炉子、锅子、勺子等简陋物件当作仪器，埋头做起化学实验。1830年，古德伊尔下决心要把橡胶从博物馆里解放出来去为大众服务，他用各种化学试剂放进橡胶浆中熔化，力图改进橡胶性能，使其成为工业上的用品。几年过去了，橡胶还是不听他使唤，他累得病倒了，朋友劝他放弃实验，去干别的，但古德伊尔毫不气馁地仍坚持做实验。1838年夏天的一个深夜，古德伊尔已做了一天实验，十分疲劳，偶然失手，将一包硫粉掉进熬热的橡胶锅中，于是，他焦急地把锅中的橡胶刮了下来，此刻他惊奇地发现橡胶变得更干燥而更富弹性了。机智的古德伊尔此刻已意识到自己的重大发明了。接着，古德伊尔一次又一次地观察硫黄放到橡胶中的实验，找出了最佳的配方，最终成功地创立了橡胶硫化法。这种方法改良了橡胶的弹性和耐用性，大大促进了橡胶的用途。从此，橡胶的需要量大幅度增加，野生橡胶林已无法满足工业生产的需要。

1875年，英国政府指派一个名叫威凯姆的商人从巴西弄回7万棵橡胶树苗，种植到英国皇家植物园，结果只有3%成活，而且长势也不好，究其原因，是橡胶树不适宜在英国寒冷的天气下生长。于是，威凯姆把其中的22棵移到马来西亚种植，结果获得成功。如今，橡胶树已遍布40多个国家和地区。种植面积较大的国家包括印度尼西亚、泰国、马来西亚、中国、印度、越南、尼日利亚、巴西、斯里兰卡、利比里亚等。我国植胶区主要分布于海南、广东、广西、福建、云南，此外台湾也可种植，其中海南为主要植胶区。

橡胶树是一种技术性要求很强的热带作物，不但栽培管理要有技术规程，割胶也有严格的制度。割胶制度规定了割胶最适宜的季节，割胶天数，割胶时间，割胶树皮的高度、宽度和深度，以及每天的割胶株数等。从橡胶树取橡胶汁的方法是用刀把树皮割开，划成一个“V”字形，这时，橡胶树内便会渗出许多白色的乳汁，称为胶乳，胶乳经凝聚、洗涤、成形、干燥即得天然橡胶。

值得一提的是，橡胶树是有毒植物，其种子和树叶有毒，小孩误食2～6粒种子即可引起中毒，症状为恶心、呕吐、腹痛、头晕、四肢无力，严重时出现抽搐、昏迷和休克。

知识链接

橡胶分为天然橡胶和合成橡胶。20世纪初，化学家测定出了天然橡胶是异戊二烯的高聚物，这就为人工合成橡胶开辟了途径。1910年，俄国化学家合成出了丁钠橡胶，以后又陆续出现了许多新的合成橡胶品种。现在，合成橡胶的产量已大大超过天然橡胶，其中产量最大的是丁苯橡胶。

奇妙的金鸡纳树

三国时期，蜀国军师诸葛亮率军南下到达云南泸水时，士兵感染上了“瘴气”，一批一批地死去，连足智多谋的诸葛亮都一筹莫展。据今人研究，“瘴气”就是曾经猖獗一时的“疟疾”。千百年来，人类为了征服“疟疾”进行了艰苦的斗争，但收效甚微。直到“金鸡纳霜”的发现，疟疾才不那么可怕了。

“金鸡纳霜”是一种治疗疟疾的特效药，它的主要成分来自金鸡纳树的树皮。金鸡纳树是茜草科常绿小乔木，树高 2.5～3.0 米，树皮呈黄绿色或褐色。它的原产地在秘鲁的安第斯山脉，生活在那里的印第安人很早就知道了它的药用价值，并开始种植，但他们从不外传用金鸡纳树制药的秘方。

说起西方对金鸡纳树的发现，还有一段故事。1638 年，西班牙殖民者占据秘鲁，一位西班牙伯爵钦琼先生带着夫人安娜一起来到了秘鲁利马。当时，利马地区疟疾流行，蚊子到处传染着这种可怕的疾病。而当地的印第安人虽不知此病的病因病名，但却有办法对付。他们把金鸡纳树的树皮剥下来晒干，然后研成粉末，用水调和，病人喝下这种液体就可以痊愈。为此，印第安人称这种具有特殊药效功能的金鸡纳树为“生命之树”。

来到西班牙的伯爵夫人安娜也患上了疟疾，护理她的是一位名叫珠玛的印第安姑娘。安娜性情温和，对殖民者残杀镇压印第安人的政策非常痛恨，对家中的仆人也平等相待，因此，珠玛和安娜亲如姐妹。珠玛见安娜先发冷，再高烧，后大汗而痛苦不堪的病况，感到非常忧伤。虽然她的本族人不想把金鸡纳树树皮粉末治疗此病的秘方告诉西班牙人，但为了拯救安娜的生命，她还是在安娜的药里放入了一些金鸡纳的树皮粉末。这一幕恰好被伯爵大人亲眼目睹，他以为珠玛是在暗害自己的妻子，当即追问珠玛此举之目的。可珠玛不能将事情的真相告诉他，否则，其他印第安人就会因她泄密而将她处死。伯爵勃然大怒，马上将珠玛关押并严刑审讯，珠玛咬紧牙关，一字不吐。伯爵气急败坏，下令堆起木柴，欲用火刑烧死珠玛。千钧一发之际，重病的安娜苏醒过来了，她发觉珠玛不在自己身边，便问她在哪里，其他女仆如实相告。安娜听后立即赶赴刑场，向丈夫道明真相，珠玛获救了。不久后，印第安人的这种治病方法传入欧洲，金鸡纳树皮的医疗价值迅速引起欧洲许多医学家的重视。1820 年，法国药剂师佩尔蒂埃和卡芳杜经过长时期的试验，终于在金鸡纳树皮中提炼出了闻名世界的治疟疾特效药，接着，这种药便传到了亚洲。传到我国时，便被译成“金鸡纳霜”了。“金鸡纳霜”还有一个名字叫“奎宁”，是秘鲁语的音译，原意就是“树皮”。

金鸡纳树是秘鲁的国宝，秘鲁政府特地颁布了禁令：如果有人把树种或树苗转让给外国人，要受到法律的严厉制裁。荷兰殖民者为了同秘鲁竞争，千方百计想把金鸡纳树种到爪哇去，先后两次派出德国植物学家哈斯卡尔潜进秘鲁去窃取树苗。1852 年，哈斯卡尔第一次从玻利维亚偷越国境，爬上安第斯山，窃取到不少树苗，但由于过境手续的关系，在巴拿马耽搁了半年多，树苗全部枯死了。1854 年，哈斯卡尔第二次潜入秘鲁，共偷到树苗 500 多株，荷兰政府特地派军舰去接应他。由于照料不好，只剩下 16 株活树苗，就将它们移种到爪哇岛的盖特山上。如今，印度尼西亚已经成为世界上种植金鸡纳树最多的国家，金鸡纳霜的产量和出口量都占世界第一位，远远超过了秘鲁。

金鸡纳霜是清朝初年由法国传教士带入我国的，因曾治愈了康熙皇帝的疟疾而引起重视。中国医学家按照中医学的理论对它的性味、功用、主治进行了深入的探讨研究，并不断拓宽它的临床应用范围，为我所用，使其在后来成为了中药宝库中一名崭露头角的新秀。与此同时，云南、广西、台湾等地成功引种金鸡纳树，提供了大量廉价的药材，实现了金鸡纳用药的国产化。昔日御用珍品逐步走进寻常人家，成为广大群众治疟疾的当家药。

知识链接

金鸡纳霜与黄连中富含的“黄连素”一样是一种生物碱。不同的植物体中会含有同样的生物碱，但也有一些植物中含有多种生物碱，像在麻黄中就发现了6种生物碱，罂粟中有20多种生物碱。生物碱在植物体中的含量从万分之几到百分之一二不等，而金鸡纳霜在金鸡纳树皮内的含量竟高达16%。

“膀大腰圆”的栗树

世界上有许多巨大的树木，北美最大的世界爷直径达 12 米，非洲的大胖子树——猴面包树——直径也有 10 多米，但它们和生长在意大利的“百骑大栗树”相比只能称弟弟。

百骑大栗树又叫“百马树”，生长在意大利西西里岛的埃特纳火山的山坡上。关于这株栗树还有一段有趣的逸事。中世纪时，西西里岛曾一度被西班牙的阿拉贡王国所统治。一年夏天，阿拉贡王带了百名随从骑马来到埃特纳火山脚下巡视，突遇大雨，附近又没有可供避雨的房屋。正巧不远处有一片“小树林”，于是国王带着手下急驰而至，原来，刚才见到的“小树林”，只不过是一株巨大的栗树。这株栗树的树干极粗，大约要 30 多人才能合抱，树冠枝繁叶茂，如一把天然巨伞，竟然将阿拉贡王手下的百余名骑手全部遮住。从此，这株护驾有功的栗树就出了名，被誉为“百骑大栗树”。它的树干直径达 17.5 米，周长有 55 米，需 30 多人手拉着手，才能围住它。树下部有大洞，采栗的人把那里当宿舍或仓库用。这颗栗树不仅是世界上最粗的树木，也是最粗的植物。

栗树是山毛榉科栗属中的乔木或灌木总称，大约有 8～9 种，分布于北半球的亚洲、欧洲、美洲和非洲，大部分种类的栗树都是 20～40 米高的落叶乔木。栗木非常坚固耐久，不容易被腐蚀，颜色发黑，有美丽的花纹，是非常好的装饰和家具用材。但由于栗树生长缓慢，因而大尺寸的栗木非常昂贵。

各种栗树都结可以食用的坚果——栗子，它自古就是干果之中的佼佼者。在我国西安半坡新石器时代遗址中，已发现有栗子的实物遗存，距今已有 6 000 多年的采食历史。春秋战国时期，栽种栗子已很盛行。

栗子属于坚果类，但它不像核桃、榛子、杏仁等坚果那样富含油脂，它的淀粉很高。干板栗的碳水化合物达到 77%，与粮谷类的 75%相当；鲜板栗也有 40%之多，是马铃薯的 2.4 倍。鲜板栗的蛋白质含量为 4%～5%，虽不如花生、核桃多，但略高于煮熟后的米饭。

作为食品，栗子目前在我国最流行的吃法是糖炒栗子，用糖和沙子混合，将变成黑色的沙子和栗子混合炒，一是使栗子受热均匀，二是使栗子中的糖分不容易损失，炒出的栗子甜香适口。北京小吃中有栗子面的小窝头，据说是从皇宫中流传出的做法，当年曾受到慈禧太后的赏识。

栗子还具有较好的药用价值。中医把栗子列为药用上品，认为能补肾活血、益气厚胃，可与人参、黄芪、当归媲美，尤其对肾虚有良好的疗效，故称“肾之果”，久服可增强体质、祛病延年。现代医学认为，栗子含有丰富的不饱和脂肪酸、多种维生素以及矿物质，有预防和治疗高血压、冠心病、动脉硬化、骨质疏松等疾病的作用，所以对老年人颇为适宜。

知识链接

栗子、榛子等植物的果实，外壳非常坚硬，里面只有一枚种子，因它非常坚硬，故而称为坚果。坚果是植物的精华部分，一般都营养丰富，含蛋白质、油脂、矿物质、维生素较高，对人体生长发育、增强体质、预防疾病有极好的功效。

那些生长在塔里木的胡杨树

这是一种多变的树，春夏为绿色，深秋为黄色，冬天为红色。这是一种坚强的树，活着一千年不死，死后一千年不倒，倒后一千年不烂。这种树就是胡杨。

胡杨是杨柳科的落叶乔木，能长到20多米高。胡杨的样子介于杨柳之间。胡杨的幼树很像小柳树，枝细长，叶很窄；树长大了，叶长宽了，又和杨树差不多。有趣的是，在同一棵树上，叶子的形状也不相同。上面的枝条长着杨叶，下面的枝条长着柳叶，中间就似杨非杨，似柳非柳了。这种丰富多变的叶型，在其他树上是很少见的。

胡杨的繁殖方法也很有趣。每年初夏，它那细长的蒴果自动裂开，里面有千万颗带翅的种子，随风飞向远方札根，如果落到水里，它会随波逐流，一旦在岸边落脚，很快就会生根发芽。所以河水流到哪里，哪里就有胡杨林。

胡杨的再生能力很强，它还能从侧根上萌发新株，它的侧根能伸出几十米远，每条侧根上都能长出许多小树来。在塔里木的胡杨林中，二三百年的老树周围，还有许多高矮不同的小树，它们都是从侧根上长出来的。如果胡杨林发生火灾，只要地下的根烧不死，还会重新发出幼苗来；胡杨林砍伐后，老树桩上也会发出新枝，几年后又能长成大树。所以，胡杨是不怕火烧的树，也是不怕砍头的英雄树。

胡杨是荒漠地带唯一高大的树种，曾经广泛分布于我国西部的温带暖温带地区，新疆库车千佛洞、甘肃敦煌铁匠沟、山西平隆等地，都曾发现胡杨化石，证明它距今已有6 500万年以上的历史。如今，除柴达木盆地、河西走廊、内蒙古阿拉善一些流入沙漠的河流两岸还可见到少量的胡杨外，全国胡杨林面积的90%以上都蜷缩于新疆，而其中的90%又集中在新疆南部的塔里木盆地——一个被称为“极旱荒漠”的区域。

塔里木盆地是我国最大的盆地，盆地中部就是面积最大、最干旱的塔克拉玛干大沙漠。盆地的四周，高山上的雪水汇成河流，浇灌着盆地边缘的冲积平原。塔里木河，环流在盆地的北半部，是我国最长的内陆河。自古以来，塔里木河及其支流两岸，就生长着大片的胡杨林。塔里木盆地南部有许多小河，在它的下游也有成片的胡杨林，人们的吃、住、行都得靠它。

胡杨枝繁叶茂，庞大的树冠像一把把巨伞遮住了戈壁滩灼热的骄阳，来到胡杨林下，使人感到凉爽宜人。林下的枯枝落叶很多，显得松软而又湿润。胡杨的用途很多，野生动物以它的枝叶为食，砍下枝叶可作家畜饲料；木材可作建筑材料或造纸原料，当地人还用它做独木舟；胡杨的老枝，又可以作烧材。进入20世纪以后，由于人们不合理的社会经济活动，导致塔里木盆地胡杨林面积锐减。胡杨及其林下植物的消亡，致使塔里木河中下游成为新疆沙尘暴两大策源区之一。

如今，人们已从挫折中吸取了教训，开始了挽救塔里木河、挽救胡杨林的行动。向塔里木河下游紧急输水已初见成效，两岸的胡杨林开始了复苏的进程，面积近39万公顷的塔里木胡杨林保护区已升格为国家级自然保护区，以胡杨林为主体的塔里木河中游湿地受到国际组织的关注，并列为重点保护对象。第一次受到人类如此高规格礼遇的胡杨林，一定不会辜负人类的期待，将重展历史的辉煌！

知识链接

胡杨是杨树的一种，与白杨和山杨是同胞兄弟，与柳树是亲缘关系稍远的堂兄弟。但是，一般杨柳都生活在湿润的条件下，在几百种杨柳中，只有胡杨能在干旱的沙漠边缘生长。

青檀与宣纸

世界上的纸有很多，我们平时见的报纸（新闻纸）、书写纸、包装纸、卫生纸、钞票纸等，不足为奇。可是，在所有的纸中，唯有我国产的宣纸，堪称奇葩，有“纸中之王、千年寿纸”的誉称。制造宣纸的材料来自檀树家族里一位被称为“中华瑰宝”的成员——青檀。

青檀是我国的特产树种，又名檀皮、翼朴、青藤，属榆科青檀属，主要分布在皖南山区溪谷地带及皖北琅琊山的森林中。用青檀的皮来制造宣纸是一位名叫孔丹的工匠发明的。

相传孔丹是蔡伦的徒弟，他一直想造一种精良的白纸，继承师业，为师傅画像。但是，屡次试验都失败了。经过一番筹划，孔丹背起包袱，夹着雨伞，辞别亲人，跋山涉水，行万里路，周游四方，寻师访友，切磋技艺，以了却心愿。

有一天，他来到宣州府（现在安徽省泾县境内），踏着泥泞的小路，在蒙蒙的雨丝中，继续向前行走。突然，孔丹觉得眼睛一亮，在灰色的山雾中发现沟边溪水里似乎有一片雪白的东西！他三步并两步地赶过去，弯腰细看：哦，原来是一些树枝掉进山沟里，被长年不断的潺潺溪水侵袭，天长日久，腐烂变白了。孔丹迟疑了一会儿，一连串的问号在他的脑海中浮起：这是什么树？这是什么水？这是什么地方？

孔丹决定留居下来，他上山打柴，搭盖草屋，又向周围的樵夫、乡亲们请教。流年似水，一晃三年过去了。孔丹终于弄清楚了这种四季生长的常绿树，名叫青檀。它是当地的特产，别处极少生长。青檀的纤维柔软、细长，特别适合造纸。这山中的溪水也不同于一般，水质清澈见底，通过怪石嶙峋的山洞，蜿蜒流出，再分成两股而去。一股水适合制浆（后来才知道这股水流含碱）；另一股水利于抄纸（后来才了解到那股水流含酸）。这是大自然的巧安排，可谓得天独厚。

孔丹和他的朋友经过多年的不懈努力，以青檀树皮为原料，精心加工，先在溪水中分散开纤维，然后在水中捞起纤维，交织于竹帘上，再压榨，烘干，从而制成了质量最上乘的纸。因这种纸是在宣州府生产的，因地得名，故称之为宣纸。

现在，宣纸的制作工艺更为精细，它是以青檀树为主，配以部分稻草，经过长期的浸泡、灰腌、蒸煮、洗净、漂白、制浆、水捞、加胶、贴烘等十八道工序，100 多道操作过程，历时一年多，方能制造出优质宣纸。

除了皮可用作造纸之外，青檀浑身都是宝。其树叶和种子能作猪、羊饲料，细枝条用来编筐，枝杈还可做农用杈齿。青檀的才干凹凸不平，但因其材质细密而坚硬，纹理真，可用于制作柁、檩、家具、车轴、小农具、绘图板、砧板、细木加工及各种木柄等。因此青檀既是久负盛名的特种经济树种，又是崭露头角的水源林树种，此外还是用途广泛的用材树种。

知识链接

宣纸是专供毛笔作书画用的纸，其润墨性好，变形性小，耐久性高，能够适应笔锋、泼墨的浸湿，显出“力透纸背”的神效。而且，这种纸还不怕搓揉，裱后能平展如初。另外，宣纸“寿命”极高，我国流传至今的大量古籍珍本、名家书画墨迹用的大都是宣纸，保存至今依然完好。

那些生长在澳大利亚的桉树

我们知道，澳大利亚是一块独立的大陆，与世隔绝的状态造就了它独特的动植物种群。在众多的奇花异草和珍稀树木中，澳大利亚人非常喜欢桉树，他们自豪地把桉树尊为“国树”。

桉树原产澳大利亚及其附近岛屿。它是桃金娘科桉树属植物的总称，约有 600 种，而澳大利亚便有其中的 500 多个品种。在澳大利亚的桉树中，杏仁桉是世界上最高的树，它们一般都高达 100 米，其中一株，甚至高达 156 米，有 50 层楼那样高。我们知道，住在第 50 层楼的人要想喝上水，必须给大楼安装水泵，靠极大的压力把水送到楼顶。那么处在 100 多米高的杏仁桉顶部的枝叶怎样才能“喝”到水呢？不要担心，植物自有一套输导水分的妙法。

如果你从比较靠近地面的地方折断一棵草本植物的茎，过一会儿，你就会看到从折断的伤口处流出液滴，这是植物根系的生理活动所产生的能使液流从根部向上升的压力造成的。杏仁桉这样的大树根部的压力当然比草本植物大得多。但杏仁桉毕竟有 100 多米高，光靠根部的这种压力还不足以把水压到树顶的叶子里。而能把水“拉”上来的力量还有蒸腾作用，它的拉力远大于根部的压力。水分从叶表面的气孔散失到空气中后，失去水分的叶肉细胞会向旁边的“同伴”要水，“同伴”再向旁边的细胞要水。接力棒这么传递下去，就得从导管里要水了。

导管里的水给了叶肉细胞，导管中的水柱会不会断裂而形成一段无水的空白区呢？不会。当你向杯子中倒满水，稍高出杯沿的水面是弧形的，它们不会流出杯子来。这是因为水分子彼此“手拉手”，团结一致，紧紧聚集在中央，才没有流出来。导管中的水也是“手拉手”的，当最远处的水分子被吸收到细胞中去时，与它“手拉手”的水分子被拖拽着向上移动，补充了它的位置，而下一个水分子又补充了与自己“手拉手”的“同伴”的位置。就这样，水分子们紧紧地“携手相随”，谁也不松开，保证一起行动。

杏仁桉靠着这几种力量把水从根部吸收进来，再经过长长的输水线送到树梢，这个过程不过只需几个小时。据测定，水在植物体内由低处向高处运送的速度为每小时 5～45 米，一般的草本植物只需 10 多分钟，全身细胞就能“喝”上水了。由于身材庞大，桉树每年蒸发掉的水分达 17 万升。它像一台大“抽水机”，把树下地里的大量积水抽去了，因此地面上总是干干的。在低湿地区，由于种植了桉树，使沼泽地变成干燥地，蚊子失去了滋生的环境，疟疾的传染受到阻止，因此人们叫它“防疟树”。

桉树木材质地致密坚重，在造船工业上是一种价值极高的木材。用桉木作木桩、电杆和路面材料，经久耐用。叶子蒸馏后，可得到“桉叶油”，具有兴奋、发汗等作用，能治感冒、疟疾、支气管炎、肺炎等病。叶中含有各种单宁，是提炼栲胶的重要原料。桉叶能分泌出一种芳香油，氧化时产生氧化氢，能使空气清新，并可驱除蚊虫，是疗养区、风景区和住宅区理想的绿化树种。

澳大利亚人没有独享大自然给予他们的这份珍贵礼物，而是把它献给世界。从 19 世纪开始，桉树种子就在地中海沿岸发芽并且迅速向非洲、亚洲和美洲发展。19 世纪末，桉树远涉重洋来到我国落户。现在，我国引种的桉树共有 70 多种，主要栽培在温暖湿润的南方，以广东湛江地区为最多。桉树在我国生长良好，大有推广发展前途。

知识链接

桉树不但是世界上最高的树，同时也是世界上生长得最快的树种，在生长旺季，桉树一天就可以长高 3 厘米。由于生长快，桉树的轮伐期很短。云杉人工林的轮伐期为 70 年，马尾松人工林的轮伐期为 20 多年，而桉树人工林的轮伐期只有 5～7 年。因此，桉树的经济效益是林业产业中的佼佼者。

孢子植物大揭秘

在植物界的数十万种植物中，约有10万种是不会产生种子的。不过，它们能产生一种比种子小得多的生殖细胞——孢子，以进行繁殖。孢子身轻体小，到处飘浮，在空气中、土壤里、水中及我们所接触的任何物体表面都散布有孢子。我们熟悉的藻类、菌类、地衣植物、苔藓植物和蕨类植物都是不产生种子的植物，在植物学上统称为孢子植物。

孢子植物大多比种子植物小，而且大多生长在潮湿的地方。如藻类植物大多数生活在水中，许多植物体为单细胞，要用显微镜才能看清它们的面貌。最大的硅藻也不过400～500微米，一张普通邮票就可放下5 000个，硅藻的形状和颜色非常多，是鱼类和其他许多小动物的食料。最大的藻类要数美国产的巨藻，长达30多米，是藻类中的“巨人”。

菌类则包括供人们食用的蘑菇、猴头、木耳等，面包师做面包、馒头时常用的酵母及烂水果或皮革上长的霉也都属于此类。它们一般无光合作用，并且靠其他有机体的营养生活，是一类寄生或腐生的植物。除了对人类有用的一面外，它们中的霉菌、毒菌，对人类都是有害的。

在自然界，地衣往往与苔藓植物为伴，因此，两者容易被人们所混淆。实际上，苔藓植物有根、茎、叶的初步分化，而地衣则无真正根、茎、叶的分化，它不仅在进化上比苔藓植物更为原始，更重要的是它并不是单一的植物有机体，而是由真菌和藻类共生的复合有机体。在形态、解剖、生理、化学及分布方面，地衣既不同于自由生活的真菌，又有别于自由生活的藻类。有人曾试验把地衣复合体的藻类和菌类取出，分别培养，而藻类生长、繁殖旺盛，菌类则被饿死。可见地衣上的菌类，必须依靠藻类生活。

蕨类与苔藓一样已有根、茎、叶的分化，具有植物由水生登陆后完全适应陆地生活的结构。在遥远的古代，蕨类曾盛极一时，很多是高大的乔木，直至三叠纪，很多种类相继绝迹，有的演变为草本。在现今的一些热带和亚热带地区，还可以找到为数不多的长得像树一样的蕨类植物，如我国一级保护植物桫椤。

孢子植物是地球上所有植物的祖先。科学家们认为，6 亿多年前的地球，干旱的陆地风沙弥漫，一派凄凉景象，荒凉的原野上看不到一棵绿色植物，只有在原始的海洋内生长着各种各样的藻类植物。但它们是如何由水生到陆生，如何摆脱水的束缚成功登陆的呢？这是植物进化史上一个极为重要的里程碑，然而遗憾的是，在科学如此发达的今天，人类对陆地植物起源的真相仍然一知半解，尤其对确认谁是最早登陆祖先的问题，科学家们之间存在着巨大的意见分歧。他们有的认为最早登陆的植物是一种蕨类植物，有的认为陆地植物的祖先是苔藓，有的认为某些褐藻类植物才是陆地植物的祖先，有的则认为陆地植物的祖先是绿藻门植物。

对于陆地植物最早祖先的问题，尽管学者们进行了大量的研究，提出了许多有意义的推测和假说，但它依然属于尚未完全解开的谜团。今天，科学家们期待能获得更多的有力证据，以便最终做出尽善尽美的解释。

知识链接

在所有的植物中，凡是能产生种子的称为种子植物，不会产生种子的称为孢子植物，但是种子植物并非一年四季都能产生种子，因此，区分种子植物与孢子植物并不是根据有无种子来判断的。一般来说，凡是乔木、灌木、藤本植物几乎都是种子植物；凡是能开花的，都是种子植物；凡是能结果实的都是种子植物。

藻类也有“巨人”

在美洲、大洋洲的太平洋沿岸海域中，生长着一类个体极为巨大的褐藻门植物。它们的成体往往长达百米以上，最长的可达 400 米，是海洋中身体最长的植物。这类海藻藻体的主柄上有多达 100 个、长 15～60 米的细长分枝，分枝上生有众多侧生的“叶片”，整体质量可达数百千克，其身体之硕大在藻类植物中无与伦比，因此被称为巨藻。

巨藻形似海带，但比海带大得多。巨藻身体没有根、茎、叶的分化，但有类似根、茎、叶的结构。它的根，有不少分枝，称作假根。假根不是用来吸收水分和养分的，而只是用它固着在海底的岩石上，因此又叫固着器。一棵大的巨藻，假根的直径可达 1 米左右。在假根上长着又粗又长的柄，这就是巨藻的“茎”。柄上每隔 10～15 厘米，生着一张扁平的假叶，假叶的基部宽，先端窄，长可达 1 米左右，宽可达 10 厘米，在每片假叶的基部都有 1 个气囊，气囊的直径约有 3 厘米，里面充满空气，活像打足气的小皮球，巨藻依仗成千上万个这样的气囊，漂浮在海面上。巨藻的柄，开始的部分是直立的，从假叶着生的地方，直到柄的末尾全都漂浮在海面，弯弯曲曲，随浪摆动，活像一条凶恶的海蛇，难怪有人将它误认为是大海蛇。

巨藻用孢子繁殖后代，它的假叶上，可以生出许许多多的孢子。别看巨藻身体硕大无比，孢子却小得可怜，直径只有几个微米，肉眼根本看不见它。每个孢子都长着两根鞭毛，能在水中自由游动，在它尽情遨游之后，就萌发成丝状体。丝状体有雌雄之分，雄的丝状体产生精子，雌的丝状体产生卵。精子也有两根鞭毛，靠鞭毛游近卵，与卵融合成合子，合子萌发后渐渐长成一棵新的巨藻。

巨藻是一种多年生、冷水性藻类，每年老叶死去，新叶重生。寿命可达 12 年之久。巨藻是世界上生长速度最快的植物之一，每天可长 2～3 米。在太平洋东部和大洋洲附近的浅海里，巨藻常常在海底形成一片气势磅礴的“海底森林”。有趣的是，巨藻的再生能力也特别强，像割韭菜一样割掉巨藻漂浮在水面的部分，几个月后它又长到原来大小，一年可以收割三四次，一亩水域一般能收割鲜品 60 吨左右。

巨藻的经济价值很高，据人们分析，巨藻体内含有 9.2%的蛋白质、18 种氨基酸、多种维生素、还有不少含钾化合物和微量元素，是家畜和鱼类的良好饲料。从巨藻体中可以提取褐藻胶和碘甘露醇等工业原料。其中，褐藻胶主要用于造纸、纺织和金属加工等方面，价值很高。巨藻还有一项重要用途，就是能产生沼气。人们把巨藻磨碎，经过细菌发酵，就能产生出沼气来。用巨藻提取沼气，成本低、污染少，因而引起人们的极大兴趣。预计在不久的将来，巨藻可能和煤、石油并肩媲美，成为一种新型的绿色能源。

知识链接

海洋中茎最长的植物是巨藻，陆地上茎最长的植物是产于热带雨林的白藤，它的茎从根部到顶部最长的竟达 500 米。它用茎尖和往下弯的硬刺攀缘在别的大树上，这条带刺的“长鞭”攀到树顶后，无处可去，那越来越长的茎只好往下坠，形成无数怪圈套在大树周围，因此人们称它为“鬼索”。

生长在大海里的奇特植物

海洋里有一万多种植物，绝大多数都是低等的叶状植物，也就是海藻和海洋菌类。其中，马尾藻是最大型的藻类，也是唯一能在开阔水域上自主生长的藻类，这种植物并不生长在海岸岩石及附近地区，而是以大“木筏”的形式漂浮在大洋中，直接在海水中摄取养分，并通过分裂成片、再继续以独立生长的方式蔓延开来，形成辽阔的海上草原。在北大西洋中心，就有一块马尾藻形成的海上草原——马尾藻海。

1492年9月16日，在大西洋上航行了多日的哥伦布探险队，忽然望见前面有一片大“草原”。要寻找的陆地就在眼前，哥伦布欣喜地命令船队加速前航。然而，驶近“草原”以后却令人大失所望，哪有陆地的影子，原来这是长满海藻的一片汪洋。奇怪的是，这里风平浪静，死水一潭，哥伦布凭着自己多年的航海经验，感到面前的处境危险，亲自上阵开辟航道，经过3个星期的拼搏，才逃出这可怕的“草原”。哥伦布把这片奇怪的大海叫作萨加索海，意思是海藻海。这就是今天的马尾藻海。

马尾藻海域海水盐度很高，加上海水运动不强烈，悬浮物质下沉很快，不利于浮游生物繁殖生长，因此浮游生物较少，同时以浮游生物为食物的海兽和大型鱼类也无法生存，于是这一海域就显得毫无生气，死气沉沉。然而，具有顽强生命力的马尾藻不知什么时候，从什么地方来到这儿“安家落户”，并“生儿育女”，繁衍成一个大家族，使马尾藻海仿佛是一条巨大的印着蓝色条纹的橄榄色地毯。据调查，马尾藻海域中共有八种马尾藻，总量可达1 500万～2 000万吨。这些马尾藻绝大部分不是长在海底，而且没有传种的生殖器官，它们非常适应漂浮生活，能够直接从海水中吸收养分。令人费解的是，这个海区并不是那么“肥沃”，为什么马尾藻还能大量繁殖和生长？有人认为，马尾藻海的各种马尾藻是从西印度群岛附近漂来的。也有人认为，是由本海生长出来的，最早它可能来自海底的苗床，后来进化到有自由漂浮的能力，并长出幼芽，逐渐变成了新的马尾藻。

从20世纪50年代发射的人造卫星拍摄的照片上看，被海草覆盖的马尾藻海是一个呈椭圆形的海区，其面积约为450万平方千米。地理位置恰好处于大西洋北部环流的中心，因此，它像台风眼无风一样，是一个风平浪静、水流微弱的海区。但表面恬静文雅的马尾藻海，实际上是一个可怕的陷阱，充满奇闻的百慕大“魔鬼三角区”几乎全部在这里，经常有飞机和海船在这里神秘地失踪。

马尾藻海为什么海难事件多呢？许多航海家推测，失事原因可能是因为轮船在无意中误入这一海域后，被马尾藻缠住了螺旋桨，使轮船动弹不得，甚至失去控制，造成倾覆或碰撞沉没。有人不同意这种观点，认为这观点只能解释一部分船只的失事原因，至少不能解释为什么飞机在这一海域也易于失事。究竟是什么原因呢？目前还没有一个令人信服的答案。

知识链接

马尾藻是褐藻的一属，现有250种，广泛分布于暖水和温水海域。我国是马尾藻主要产地之一，有60种。褐藻在藻类中属最高级的类型，是海洋中特有的植物。马尾藻和海带是褐藻中最常见的两个种类，是海洋中碘和钾碱的重要来源。

生生不息的地衣

在海拔四五千米的高山和地球南、北极，气候寒冷，冰天雪地，但在一片白色世界里，却不乏植物的绿色身影。世界上最耐寒的植物——地衣——就是其中之一。

地衣无花、无果，也无根、茎、叶的分化，属于低等植物。它是一类由真菌和藻类组合而成的复合有机体，通常真菌菌丝缠绕并包围藻类细胞。藻类经光合作用，制造有机物供给自身及真菌，真菌则吸收水分、无机盐和二氧化碳等以供藻类的需要。有人曾试着把两者分开，结果藻类照样能生存，而真菌却不能存活，地衣这个共生体除了营养供应上相互弥补外，还具备了极强的生命力。科学家们曾把生长在南极的两种地衣放入到－196℃的环境下进行耐冻试验。若干小时后，重新放回到正常的环境中，发现它们仍有活力，仍能保持正常的生长。地衣还有一大特点，即在恶劣环境下，停止生长，处于休眠状态，待到条件好转时才恢复生长。所以，它们的生长速度十分缓慢，以致不能用月日计算。一位美国植物学家曾对地衣的生长情况进行追踪测试，发现有些地衣的直径9年仅仅增长2厘米。

正是依靠这种特殊的本领，地衣广泛分布于全球各地，从南北两极到赤道，从高山到平原，从森林到沙漠，甚至搪瓷、铁器、纺织品上都有它的足迹。许多植物不能生长的地方，它却能安家落户。另外，生长于峭壁和岩石上的地衣，能分泌地衣酸腐蚀岩石，促使岩石逐渐风化，为日后苔藓等高等植物的生长创造条件。所以，地衣被认为是自然界的开路先锋。

地衣分布得那么广泛，它的妙用也是多方面的。我国自古就把地衣中的松罗用来医治肺病，石耳用来止血或消肿。李时珍在《本草纲目》

中记载了石蕊的药用价值，说它有和津润喉、解热化痰的功效。近年来从松萝、石蕊等地衣中提取抗生素，做成的药膏用来治疗烧伤和外伤，效果比青霉素还要好，而且没有青霉素的副作用。

地衣也可以食用。地衣中的石耳一直是名贵的山珍，庐山所产的石耳更是驰名中外。南方的一些城市，把地衣中的扁枝衣和树花，经过草木灰的处理，可作凉菜拌食。不同种类的地衣在世界各国还是土产食品的原料。例如，冰岛人用地衣磨成粉加在面包、粥和牛奶中吃，法国人用地衣制造巧克力糖和粉糕，也有些国家用地衣发酵酿酒。

地衣可以用作饲料。地衣是饲养鹿和麝的良好饲料，特别是在寒带、亚寒带地区的国家和民族，在漫长的冬季，驯鹿吃不到杂草、嫩枝、嫩芽，就以地衣作为主要饲料。如东北大兴安岭的鄂温克族和北欧的一些国家和地区，把地衣像割草一样收割起来，作为饲养动物的冬季饲料。

地衣还可以用作化工原料。早在13世纪，希腊和地中海地区的人们就用地衣作为染料了，现今地衣可以作多种染料。地衣中的石蕊，用它制成的试剂，对酸碱度反应灵敏，做成的石蕊试纸，迄今仍是化学工业和实验室常用的测定纸。地衣还可提取芳香精油，作为香精的原料。在法国和南斯拉夫，很多化妆品与香水就是以地衣为原料，很受大家欢迎。

由于地衣生长缓慢，产量不多，目前各国正在走人工合成地衣中的有效化合物的道路，以使地衣更好地发挥它的妙用，为人类服务。

知识链接

地衣是真菌和藻类的结合体，也是自然界中最突出、最成功的共生现象的范例。因为两种植物长期紧密地联合在一起，无论在形态上、构造上、生理上还是遗传上都形成一个单独的固定有机体，因此，分类学上把地衣当作一个独立的门看待。地衣植物全世界有500余属，25 000余种。

被子植物大揭秘

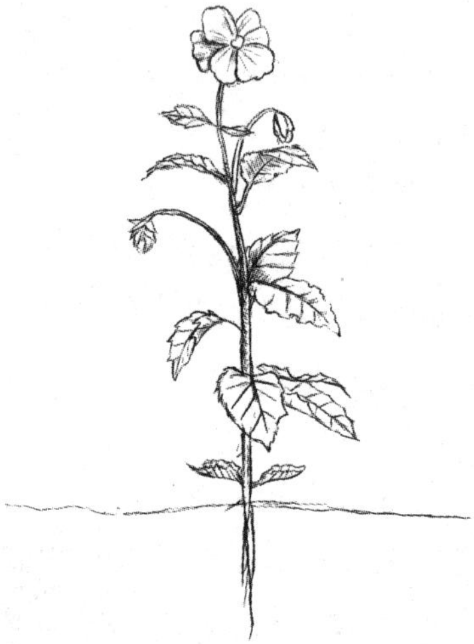

桃子、李子、梅子、杏子这类水果，我们吃的是它的果实。果皮果肉包着核，核里面就是种子。这种用果皮包着种子的植物，就叫被子植物。因为这类植物有显著而美丽的花朵，所以又称显花植物。虽然被子植物这个名称听上去有些专业，但在人类生活的方方面面，几乎都有它们的身影和贡献。

被子植物是植物演化过程中最后出现的种类，也是植物界最高级、分布最广、形态变化最多和构造最复杂的一类种子植物。大自然只有进入被子植物时代，才有了真正的花，大地才开始真正变得绚丽多彩、生机盎然。我们平常看到的树木、花草、庄稼、蔬菜、牧草以及其他经济植物，除了松、柏类植物以外，绝大多数都属被子植物。

被子植物的花由花萼、花冠、雄蕊和雌蕊组成。花萼和花冠的主要功能是保护花并招引昆虫传送花粉。花的中间是雄蕊和雌蕊，这是花的雌雄性器官。一个雄蕊由花丝和花药组成，花药里产生花粉粒。成熟的花粉粒在内部结构上有两种形式，一种是含有一个营养细胞和一个生殖细胞，例如棉花、百合的花粉；另一种是含有一个营养细胞和两个精子，例如小麦、白菜的花粉。精子是由生殖细胞分裂形成的，生殖细胞的分裂可能在花粉粒里进行，也可能在花粉萌发后长出的花粉管中进行。

雌蕊分柱头、花柱及子房三部分，形似一个花瓶，子房内壁生有1至多个胚珠。胚珠是植物“胎儿”生长的地方，早期每个胚珠的中间有一个囊状的东西，称作胚囊，它是由胚囊母细胞经减数分裂形成的。在显微镜下可以看到成熟的胚囊里包含一个卵细胞、两个助细胞、三个反足细胞及一个含有两个极核的中央细胞。

植物开花时，成熟的花粉被风或昆虫传送到同一种植物雌蕊的柱头上，受到柱头上黏液的刺激，花粉粒开始萌发，形成花粉管。花粉管穿过花柱和子房壁直达胚珠，进入胚囊，并将花粉管内的两个精子释放到胚囊里，一个精子与卵细胞结合形成受精卵，由受精卵发育成胚；另一个精子与两个极核结合形成受精极核，由受精极核发育成胚乳。这样，受精后的胚珠就整个变成了种子。卵细胞受精以后，整个花受到新的刺激，花的各部分发生显著变化。花柱、柱头、雄蕊、花冠等都凋谢了，多数植物的花萼也脱落了，只剩下子房。大量的有机物不断地运向子房，子房就开始发育、膨大，最后形成果实。

在被子植物中，两个精子同时分别与卵细胞和极核结合的现象，叫作双受精现象。双受精现象在低等植物里没有，动物里也没有，是被子植物所特有的。双受精的结果，不仅使“胎儿”带有父母双方的遗传特性，而且供给“胎儿”发育用的胚乳，也带有父母双方面的遗传物质。这样产生的后代，必然具有较强的生活力和适应性，从而保证了被子植物在多样化的自然环境中得以广泛地生存和繁殖。

目前，被子植物分布遍于全球，它们中既有生长期仅几星期的短命菊，又有寿命高达数千年的龙血树；既有高达100多米的澳大利亚杏仁桉树，也有比芝麻还小得多的无根萍。世界上被子植物物种最丰富的国家是地处热带的巴西和哥伦比亚，它们分别居第一位和第二位。中国国土主要部分不在热带，但被子植物的种数仍居世界第三位，约300余科，30 000多种。

知识链接

被子植物是植物界中种类最多的植物，全世界约有被子植物400多个科，将近30万种；其次是真菌，约10万多种；藻类和苔藓植物各有2万多种；蕨类植物1万多种；细菌2 000多种；裸子植物最少，只有800多种。

生命力顽强的杂草

当今世界，饥饿人口总数已经超过10亿人。专家们认为，在导致饥饿问题的众多原因之中，有一个主要原因在很大程度上没有得到足够的重视，这就是杂草。

杂草是指生长在有害于人类生存和活动场地的植物，一般是非栽培的野生植物或对人类无碍用的植物。广义的杂草定义则是指生长在对人类活动不利或有害于生产场地的一切植物。杂草主要为草本植物，也包括部分小灌木、蕨类及藻类。目前，在全球30多万种植物中，被认定为杂草的植物已经超过8 000种。在我国被认定为杂草的植物有119科1 200多种。

杂草危害农作物和经济作物，它们与作物争肥、争水、争光照，有些杂草还是作物病虫害的寄主和越冬的场所。据调查，杂草每年对全球粮食生产造成的危害，相当于损失了3.8亿吨小麦。我国因遭受杂草的危害，每年损失粮食约200亿千克、棉花约500万担、油菜子和花生约2亿千克。长期以来，杂草就是农业生产上的一大灾害。年年除杂草，岁岁杂草生。为什么杂草有这样强的生命力呢？

杂草一般都有惊人的繁殖力，一株稗草能结1.3万粒种子，狗舌草能结2万粒。更有甚者，我国东北地区水边滋生的孔雀草，能结子18.5万粒，种子重量竟占全株总重的70%。杂草不仅产仔多，而且种子的寿命长，可连续在土壤中多年不失发芽能力。例如，稗子在水中可存活5～10年，狗尾草的种子可在土中休眠20年，马齿苋种子的寿命是100年，而一般农作物种子的寿命不过几年。

杂草种子具有利用风、水流或人及动物的活动广泛传播的特性。蒲公英等果实有毛，可随风云游；异型莎草、牛毛草和水稗的果实，能顺水漂荡；苍耳、鬼针草、野胡萝卜等果实上的刺或棘刺等能牢牢地附着在人或鸟兽身上，借以散布到远处去。可怕的是，杂草一旦到了新环境，一般要比在原产地生长得更旺盛。

杂草的生命力也非常顽强，有些杂草耐旱、耐寒、耐盐碱；有些杂草能耐涝、耐贫瘠。严重的干旱能使大豆、棉花等许多作物干枯致死，而狗尾草等仍能开花结子。凶猛的洪水能把水稻淹死，而稗草以及莎草科的一些杂草却能安然无恙。

在生存竞争的过程中，杂草比一般作物确实有许多有利的条件，因而杂草是很难除净的。再加上多年来，农田里的杂草通过对抗各种除草剂，已经练就了一身“百毒不侵”的本领，形成了抗性，这也给专家们研究杂草带来了新的难题。专家们指出，要想提高农作物产量，除了施用除草剂之外，还应该采用作物轮种的方式。这种技术是指在同一块土地上，有顺序地在季节间或年份间轮换种植不同的作物或采用复种组合，由于杂草往往与某些特定的农作物相伴而生，定期改变作物种类有助于减少杂草的生长。另外，土壤暴晒也是控制杂草和病虫害的有效手段之一。在炎热的夏季，将透明的塑料薄膜覆盖在湿润的土地上，能够提高土壤的温度，杀死其中的杂草。

随着科学技术的发展，农业科技工作者和生产者正在研究各种杂草的生长发育规律，探索新的农田杂草防除方法。现在，杂草及其防除日渐成为一门新的独立学科。

知识链接

杂草也有多样的个性，它们之中也有极为娇弱的群体，比如虞美人，过去在欧洲不少国家被称为是危害农田的杂草，一度被利用各种方式灭杀，随后它的数量锐减，在一些国家处于濒危的边缘，如今在比利时，杂草虞美人由过去的“被追杀”植物变成了被保护植物。

杂草的克星——除草剂

杂草一直以来都是农田作物的大敌，长期以来，人们运用各种方法防除杂草，其中，除草剂是用以消灭或控制杂草生长的一种农药，它是科学家们“歪打正着”的产物。

19世纪末期，法国葡萄的主要产地流行着一种叫作葡萄蚜的类似绿黄色蚜虫的害虫，这种害虫是附在嫁接用的葡萄枝条上从美国传去的。葡萄酒是法国的名产，由于这种害虫的出现，葡萄大幅度减产，农民叫苦连天。

1876年，波尔多大学的植物学教授米亚卢德不忍目睹当地的这一惨状，抛弃了纯科学研究，开始研究防治这种病虫害的方法。他把对这种病虫害有很强的抵抗力的美国葡萄作为砧木，然后嫁接上欧洲的良种葡萄接穗，从而成功地减轻了灾害。然而，在葡萄蚜传入的同时传进的病害却开始蔓延开来，这是由一种真菌引起的葡萄病害。

1882年10月的一天，米亚卢德经过波尔多附近葡萄园中的甬道。只见一望无际的葡萄树由于露菌病而枯萎了，米亚卢德心里非常难过。但是他发现了奇怪的现象，靠甬道的葡萄都没有染上病，生长得很茂密。这一行葡萄为了防止过路的人偷吃而喷上了波尔多液；这种溶液是由硫酸铜和石灰混合而成的，看上去呈绿色，似乎有毒，走过的人害怕葡萄上有毒，谁也不敢摘。

米亚卢德感到不解，他突然想起是否是因为波尔多液有防止露菌病和真菌繁殖的效力呢？他回到大学后便立即着手研究。经过三年的艰苦努力，他找到了波尔多液防止露菌病的真菌繁殖的原因。原来，在波尔多液中，硫酸铜溶解后产生了铜离子，这种铜离子能够妨碍露菌病真菌孢子发育，因此，真菌就不能繁殖。在后来的一段时间里，露菌病的流行暂时被控制住了，但到1885年再次开始蔓延开来。为此，米亚卢德开始了大规模的实验。他把一个大葡萄园一分为二，一半喷洒波尔多溶液，而另一半什么也不喷洒。不久，没经喷洒处理的葡萄染上了露菌病，而喷洒了波尔多液的葡萄几乎都没有染病。消息传开以后，波尔多液不仅为欧洲，而且为全世界所使用。虽然波尔多液最早是用来消除虫害的，但后来人们偶尔发现波尔多液能伤害一些十字花科杂草而不伤害禾谷类作物。世界各国的科学家们据此开始了除草剂的研制。

1941 年，美国人波科尼研制出了一种新型农药，准备用来防治农作物的病虫害。但波科尼在生物测定中发现，这种农药无杀虫杀菌作用。第二年，另外两位科学家通过实验发现，波科尼研制的农药在低浓度的条件下具有调节植物生长的作用。在较高的浓度下可除灭麦、稻、玉米、甘蔗等作物田中的杂草，而不损伤作物。至此，这一“歪打正着”的研究成果开创了有机除草剂发展和使用的时代。

农作物与杂草同属于高等植物，除草剂必须具备有特殊的选择性，才能安全有效地在农田使用。有些除草剂对植物的杀伤力具有选择性，有些虽然不具备选择性或选择性不强，但可以利用它们的某些特点或农作物与杂草之间的某些差异，采用恰当的施药方法，就能达到安全除草的目的。

除草剂的使用，不仅大大减少了杂草引起的经济损失，提高了除草效率，节省了人工，而且减免了作物栽培中的部分机械除草作业。这就为改变栽培方式，如改稀植为密植，发展飞机播种水稻，发展免耕法、少耕法栽培等创造了条件。所以除草剂的综合经济效益远远超过了杀虫剂和杀菌剂，因而其在化学农药生产中占有重要地位。

知识链接

除草剂一般分芽前除草剂、苗后除草剂、灭生性除草剂。芽前除草剂能够使杂草幼芽、幼根体内的蛋白质合成受阻，使其慢慢凋萎。苗后除草剂能使杂草生化过程受阻而死亡，作物不受影响。灭生性除草剂没有选择性除草作用，对所有作物、杂草都有毒性。

水葫芦——一种生长在水中的恶魔

1884年，美国新奥尔良市举行国际棉花博览会，客商云集，人们看到水域内漂浮着葫芦状的绿色植物，其上绽开的蓝紫色花，非常美丽，于是带回本国养殖。100多年后，这种植物遍布全球，成为暖地水域中最常见也是最声名狼藉的植物，它就是被称为“水上恶鬼”的水葫芦。

水葫芦原产于南美洲，是一种水生漂浮植物，因它浮于水面生长，又叫水浮莲，又因其在根与叶之间有一像葫芦状的大气泡所以又称水葫芦。

水葫芦具有极强的无性繁殖本领，在生长过程中，身体不断裂成许多小块，每一块“断肢”都能迅速生长发育成完整的个体，据监测了解，一株水葫芦能以每8个月繁殖6万新株的速度生长。它们在风和水流的作用下，不断扩大着自己的领地。当人们还没明白是怎么回事时，水葫芦已经成灾。1895年，这种水生植物在佛罗里达的圣约翰斯河上产生了一块浮在水面上长达40千米的厚厚的“垫子”，严重阻碍了河流的运输。这种危害很快遍及美国南部，造成了巨大的经济损失。

尽管水葫芦在美国南部水域已经露出了狰狞面目，却没有引起世界其他地区人们的重视，19世纪末和20世纪初，又被相继引种到了亚洲和非洲。在阳光充足、温度适宜的条件下，水葫芦猛烈增殖，致使尼罗河流经苏丹和埃及的河道几乎完全堵塞，窒息了鱼类和其他水生生物，蚊蝇则大量孳生，疟疾、脑炎等疾病流行，航运严重受阻，灌溉无法进行。当地居民恨透了这种霸占水域的外来强盗，称它为“水上恶鬼”。

可是，水葫芦就真的那么讨厌招人嫌，对人类有百害而无一利吗?不是的。随着科学的发展，人们已经开始对水葫芦有了全新的了解。

据美国核处理专家的研究，水葫芦膨大呈球形的叶柄是一个绝妙的净化装置，球形叶柄的纤维网能吸附核电厂排放的放射性废水，污水流经水葫芦的“过滤器”，放射性污染物的强度大幅度削减，因此，随着核电的广泛开发和利用，水葫芦将是最忠诚的伙伴。

水葫芦不仅能净化污水，它含有比青菜、萝卜、菠菜等传统蔬菜更高的蛋白质、脂肪和纤维，是优良的粗饲料。马来西亚等地的土著居民，常以水葫芦的嫩叶和花作为蔬菜，供食用，其味清香爽口，并有润肠通便的功效和作用。

水葫芦还是一种很好的造纸原料，由于水葫芦的资源丰富，生长迅速，采收容易，价格低廉，用它造纸可以降低成本。英国于1978年提出一项国际性利用水葫芦的计划，并邀请印度、斯里兰卡、孟加拉和马来西亚等国参加，印度主动要求承担造纸的研究。据1996年5月报道，印度海得拉巴地区研究所，已用水葫芦的叶片生产出写字纸、广告纸和卡片纸。据调查，印度至少有400万公顷水面生产着水葫芦，以平均每公顷产50吨计，则为造纸工业提供了2亿吨造纸的原料，若这2亿吨原料用上一半，成品率按10%计算，则可生产1 000万吨纸。

能源问题是当前世界六大危机之一，“绿色能源”的利用是解决能源危机的主攻方向，水葫芦宽大的绿叶，活像一个硕大的太阳灶。据测定，1公顷水面的水葫芦，每天能生产1.8吨干物质，通过微生物的厌氧发酵，能产生660立方米的沼气，相当于250千克的原油。

水葫芦阻塞航道，破坏灌溉，引起水灾，迫使人们背井离乡的时代已一去不复返了，一个开发、利用和研究这种南美野生水草——水葫芦——的崭新时代已经来到了。

知识链接

1901年，水葫芦作为花卉引入我国，20世纪50～60年代作为猪饲料在长江流域及其以南普遍推广。近年来，告别了粮食短缺的农民不再打捞水葫芦，同时工业化使江河湖泊水质恶化，富营养化程度提高，水葫芦因此迅速蔓延，泛滥成灾。所以，把水葫芦变废为宝也是我国科学家面临的课题之一。

带你了解菟丝子

在植物大家族中，大多数成员都是"安分守己"地生活着，可也有一些"不务正业"的分子，它们不自力更生，而是专门寄生或半寄生在其他植物上生活，这种植物便是寄生植物。在寄生植物中，有许多是恶性杂草，菟丝子就是其中最典型的代表之一。

菟丝子是一种攀缘性草本植物，它喜欢寄生在荨麻、大豆、棉花一类的农作物上。春天，菟丝子种子萌发钻出地面，形成一棵像"小白蛇"的幼苗。一旦碰上荨麻等寄主的茎后，马上将寄主紧紧缠住，然后顺着寄主茎干向上爬，并从茎中长出一个个小吸盘，伸入到寄主茎内，吮吸里面的养分。这样，它就和寄主长到一块了。不久，其根退化消失，叶子则退化成一些半透明的小鳞片，而主茎却生长迅速，一个劲儿地抽生出许多"小白蛇"似的新茎，密密缠住寄主。寄主渐渐凋萎夭折，成为菟丝子的牺牲品。而菟丝子却长出一串串花蕾，陆续开放出粉红色的小花，结出大量种子，撒落在地下。一株菟丝子，可以结出 3 万颗种子。翌年春天，它又会繁殖出新一代，继续作恶，危害其他植物。

菟丝子的危害性不仅仅是它吸取植物养分，养肥自己，拖死其他植物，而且还传播传染病，把病害传染到植物上去。在绿色王国里，也有由于病毒引起的各种传染病。菟丝子吸吮有病植物的汁液，吸进病毒，而它自身却不受感染，然后又去攀附其他健康植物，病毒就会因此从健康植物的伤口侵入。菟丝子这种卑劣行为，使它成了遭人唾骂的"吸血鬼"。

对于农作物，菟丝子危害极大，但对于有些病患来说，它却是一味良药。关于菟丝子的名称和药用还有一段传说。

从前，江南有个养兔成癖的财主，雇了一名长工为他养兔子，并规定，如果死一只兔子，要扣掉他 1/4 的工钱。一天，长工不慎将一只兔子的脊骨打伤。他怕财主知道，便偷偷地把伤兔藏进了豆地。事后，他却意外地发现伤兔并没有死，并且伤也好了。为探个究竟，长工又故意将一只兔子打伤放入豆地，并细心观察，他看见伤兔经常啃一种缠在豆秸上的野生黄丝藤。长工大悟，原来是黄丝藤治好了兔子的伤。于是，他便用这种黄丝藤煎汤给有腰伤的爹喝，爹的腰伤也好了。又通过几个病人的试用，断定黄丝藤可治腰伤病。不久，这位长工辞去了养兔的活计，当上了专治腰伤的医生。后来，他干脆把这药就叫"兔丝子"。由于它是草药，后人又在兔字头上面冠以草字头，便叫成"菟丝子"。

现在，菟丝子在中药界可是大大有名，它不仅可治各种疮痛、肿毒，又能滋养身体、治黄疸，效用真是不胜枚举。

知识链接

寄生植物多种多样，它们有的像菟丝子一样寄生在其他植物的茎上，另外有少数是寄生在植物的根上，例如锁阳、肉苁蓉等。也有一些自己无法进行光合作用，只能寄生在其他的生物或者是死了的动植物体上，以吸取其中的养分来生活，例如菌类，这种寄生被称为腐物寄生。

“食”肉植物猪笼草

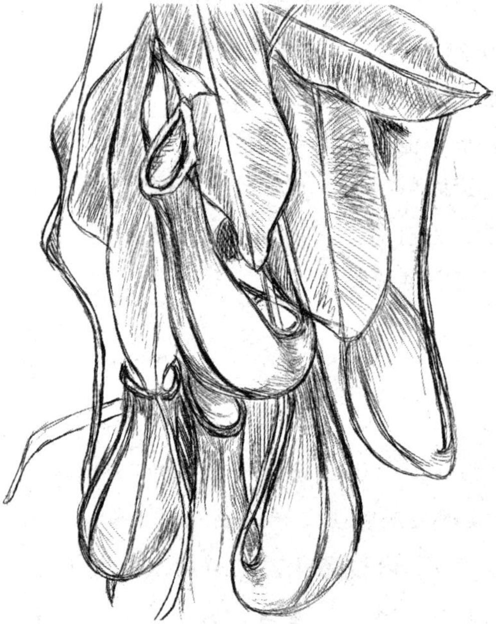

动物取食植物，在人们看来已是正常的或不足为奇之事。要说植物能捕食动物，则会使不少人惊讶。那么，世界上真有能捕食人或动物的植物吗？答案是肯定的，能捕食动物的植物确实存在。猪笼草便是著名的“肉食植物”之一。

猪笼草是一种常绿半木质藤本小灌木，高约 3 米，叶子长得十分奇特，基部扁平是绿颜色，能进行光合作用，中部像细藤，能卷在其他植物体上，顶部则挂着一个个长长的小瓶子，上面还有个小盖子，瓶长约 15 厘米，下部稍膨大，呈鲜绿色或红色，并有明显的网状叶脉。因为外形很像南方人运猪用的笼子，所以人们给它取了个名字叫“猪笼草”。

猪笼草像个带盖的小瓶子。瓶盖下面布满蜜腺，瓶口有点倾斜，边缘密生细锯齿，也分布着蜜腺能分泌出又香又甜的蜜汁。壁内侧有蜡质，极为光滑，下部内壁上，有许多突出的灰褐色的消化腺，能分泌许多消化液。在风和日暖的大晴天，贪吃的虫子都来采蜜，也许就在它们吃得畅快的时候，一失足就从瓶口滑了下去，一头栽到瓶底，被黏液黏住了，不管它们是多么能飞善舞，此时只得沉溺于植物的消化液中。而且昆虫一进入瓶内，瓶口的盖头马上就关起来，再有多大本领也不可能爬出去。于是猪笼草就把它们消化吸收掉，饱饱地大吃一顿。如果我们把猪笼草的“小瓶子”摘下来仔细看，就可以发现里面埋藏了许多小动物，有的还在挣扎、有的刚刚死去、有的早已被消化了。猪笼草就是靠消化这些动物的汁液来生活的。

世界上的猪笼草约有70种，它们“家族”中的大多数成员都分布在马来西亚、印度东部、印度洋群岛、马达加斯加、斯里兰卡、印度尼西亚、澳大利亚以及我国的广东南部、海南岛、西双版纳等地。

由于各地生长的猪笼草种类不同，因而它们的长相也不一样。在亚洲南部的沼泽地里有一种奇特的猪笼草，它的捕虫袋是半透明的，酷似一个个大烛台矗立着；在马来群岛有一种猪笼草，它的叶片尖端形成细长的“蔓”，在“蔓”的末端膨大形成捕虫袋，袋的内壁上生有腺体，能够分泌出芳香气味很浓的透明液体来引诱昆虫入袋。更为奇特是，有一种生长在2 500米高处的猪笼草，它的捕虫袋竟长达30多厘米，可以盛放2～3千克水，袋壁上还生有倒刺。它的胃口更大，不仅能捕捉昆虫，甚至还能捕食小鸟和小鼠等小动物。据说，1859年英国植物学家胡克曾描写过几种猪笼草，其中就有这种“大袋”猪笼草，并在它的捕虫袋中发现了小鸟的残骸。后来，由此竟引起了所谓“有些植物能吃人”的传说。

猪笼草不但是很好的观赏植物，而且还有药用价值，具有清热利尿、消炎止咳的功效。现在许多国家的植物园都有人工栽培猪笼草，我国华南地区的植物园和北京植物园也有栽培。

知识链接

目前，全世界已知的食虫植物约有500多种。大致可分为两大类：一类是高等食虫植物，一类是低等食虫植物。常见的高等食虫植物有猪笼草科、瓶子草科、茅膏菜科、狸藻科等；低等食虫植物有食虫真菌。

捕蝇草的秘密

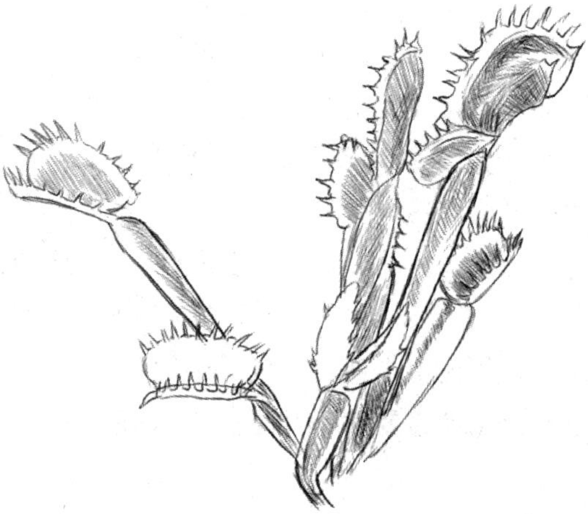

大家知道，世界上有食虫植物，例如猪笼草、捕蝇草、狸藻、瓶子草等。实际上，这些食虫植物其捕食昆虫的方式是不一样的。例如，猪笼草是设陷阱捕虫，是一种消极等待的被动方法；而捕蝇草则是采用积极主动的方法捕虫，因此最为惹人注意，也显得更加有趣。

捕蝇草是一种多年生宿根植物，茎很短，叶轮生。它叶子的构造很奇特，在靠近茎的部分有羽状叶脉，呈绿色，可进行光合作用，但到了叶端就长成肉质的，并以中肋为界分为左右两半，其形状呈月牙形，可像贝壳一样随意开合，这就是捕蝇草的“秘密武器”——捕虫夹。

捕蝇草的“捕虫夹”外缘排列着刺状的毛，乍看之下很锐利，会刺人，但其实这些毛很软。这些毛的功能是用来防止被捕的昆虫逃脱。当捕虫夹夹到昆虫时，这些夹子两端的毛正好交错，而成为一个牢笼，使昆虫无法逃走。捕虫夹内侧呈现红色，上面覆满了微小的红点，这些红点就是捕蝇草的消化腺体。在捕虫夹内侧可见到三对细毛，这细毛便是捕蝇草的感觉毛，用来侦测昆虫是否走到适合捕捉的位置。

捕虫夹的闭合是一个精确的控制过程，此过程最初是在昆虫碰到位于夹子上的感觉毛时开始的。引起闭合的条件为一个捕虫器中，任意一根感觉毛被触碰到两次，或是分别触碰到两根感觉毛。触碰感觉毛的时间间隔对于闭合有决定性的影响：假如两次的触碰间隔在 20 到 30 秒内则能闭合，超过这段时间则需要有第三次成功的刺激才会闭合。捕虫器需要两次的刺激，为的是确认昆虫已经走到适当的位置。当捕虫器受到第一次的刺激时，此时昆虫只是稍微走入捕虫器；若捕虫器现在就闭起来，只不过夹住昆虫的一部分，那么昆虫能够逃脱的机会便很大。当捕虫器受到第二次的刺激时，此时昆虫差不多也走到了捕虫器的里面，这时闭起的捕虫器便能将昆虫确实地抓住，关在捕虫器之中。

捕虫的信号并非直接由感觉毛所提供。在感觉毛的基部有一个膨大的部分，里面含有一群感觉细胞。感觉毛的作用有如杠杆，昆虫推动了感觉毛，使得感觉毛压迫感觉细胞，感觉细胞便会发出一股微弱的电流，去通告捕虫器上所有的细胞。由于电流会四散向整个捕虫夹，因而引发闭合并不需要触碰同一根感觉毛，只要在同一捕虫夹中任两根感觉毛发出电流，便能引发闭合运动。当然，感觉毛所发出的电流仅影响其所在的捕虫夹，不会干扰到同一植株上其他捕虫夹的运作。

在受到刺激之前，捕虫夹呈 60°角张开着，当受到昆虫刺激时，捕虫夹以其叶脉为轴而闭合。捕虫夹的闭合与捕虫夹上的细胞膨胀有关，当捕虫夹上的细胞得到感觉细胞所发出的电流时，其外侧的细胞便快速膨胀，使得捕虫器向内弯，因而闭合。

闭合的过程分为两个阶段。第一阶段，夹子快速关闭，以便捕到昆虫，此时捕虫夹只是夹住昆虫而已；第二阶段，捕虫夹向内收缩，以便使捕虫夹的内侧能够尽量贴近昆虫，这时，捕虫器已经完全紧闭，不留一点缝隙。之后，夹子关闭数天到十几天，此时昆虫被分布于捕虫器上的腺体所分泌的消化液消化。昆虫被消化完后，捕虫器会再度打开，等待下一个猎物，剩下无法被消化掉的昆虫外壳，便被风雨所带走。

闭合过程的第二阶段须要昆虫的挣扎才能进行，因为这样才代表捕虫器所捉到的确实是昆虫，是活的猎物。捕蝇草有时会误捉到枯枝、落叶，如果少了这项确认机制，必然会将养分浪费在消化无法消化掉的杂物上。若捕虫器误捉到杂物，只要没有持续的刺激，在数小时之后便会重新打开捕虫器，等待下一个猎物。

捕蝇草的胃口很大，不仅能捕食像苍蝇等一类昆虫，有时甚至还能捕食青蛙等一些小动物。捕蝇草原产在北美洲的森林沼泽地带，现在已被世界各地植物园和植物爱好者广泛栽培，以供观赏。

知识链接

捕蝇草的吃虫特性是由它们的生长环境决定的。它们大多数都生长在经常遭受雨水冲洗的地方。在这些地方的土壤中，缺少矿物质等养料，捕蝇草为了获得营养，满足生存的需要，在经历了漫长的演化之后，叶子发生了奇特的变化，才成为一类能“吃”动物的植物，直接从动物身上获取营养。

“百草之王”人参

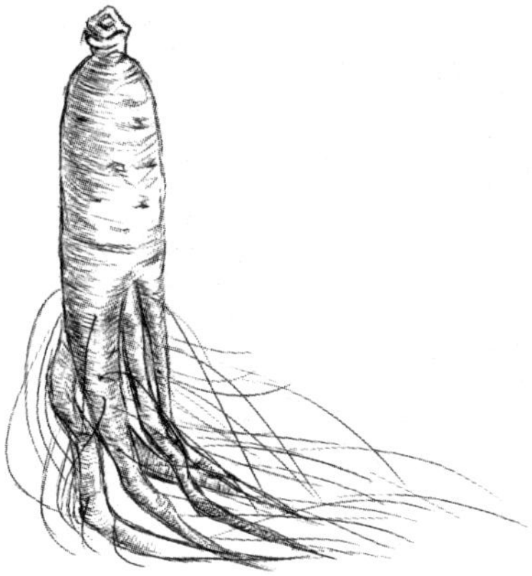

药用植物是我国医药学伟大宝库中的重要组成部分。我国的药用植物极为丰富，已经发现并用于治病的约有 4 000 多种，有“世界药用植物宝库”之称。其中，人参被人们称为“神草”，被拥戴为“中药之王”。

人参是五加科多年生草本植物，根系发达，主根长得像个小棒槌，从主根长出了许多侧根。它的茎短粗，完全埋在地下，每年春天，从地下茎生长出来一枚新叶。人参的叶是复叶，每枚复叶由五片小叶组成。人参的叶每年的数目不同。一年生的人参只有一枚三片小叶的复叶，采参人称之为“三花”；两年生的是一枚五片小叶的复叶，采参人称之为“巴掌”；三年生的是两枚 5 个小叶的复叶，采参人称之为“二甲子”，三年才开始开花结实。四年参有三枚复叶，叫“灯台子”，五年参有五枚复叶叫“五品子”，有时也有六枚复叶叫“六品叶”。生长六年以后叶数就不再增加了，就是上百年的参每年也只有五或六枚复叶。因此，生长期超过六年的人参就不能用叶的数目来确定年龄了。但是可以用主根茎上的鳞片数目来估计年龄。鳞片越多，人参的年龄越大。史书记载，人参寿命为 400 年左右，但在采收中，参龄达 200 岁的就很罕见了。

在人参的各器官中，根和茎的样子很怪：主根肥大，像人的躯干。从主根上端的两边常常一边长出一条侧根，好似人的两条胳膊。主根下端有时分成两叉，好似人的两条腿。主根上端的茎好似一个人头。人参在中药中叫“芦头”，芦头上有许多脱落的叶基残痕，叫作鳞片。这些斑斑点点的鳞片，有时长得像人的眼睛、眉毛等，人参的名字就是这样来的。

人参很娇气，生活适应能力很差。它既怕冷，又怕晒，但又需要温暖的阳光，只能生长在温带寒冷气候的有阳光斜照的山坡上。此外，人参生长年限很长，一般要 20～30 年时间才能供药用，因此数量十分稀少。长期以来，由于过度采挖，资源枯竭，人参赖以生存的森林生态环境遭到严重破坏，一度处于濒临绝灭的边缘。现在，作为我国 8 种一级保护植物之一，人参在长白山等自然保护区已开始进行保护，其他分布区也应加强保护，严禁采挖，使人参资源逐渐恢复和增加。东北三省已广泛栽培人参，近来河北、山西、陕西、湖北、广西、四川、云南等省区均有引种。

人参自古以来就是一种著名的进补和治病的中草药，有调气养血、安神益智、生津止咳、滋补强身的神奇功效。那么，人参中究竟含有哪些有效成分呢？现已查明，人参的有效成分主要是人参皂苷。

20 世纪 70 年代，随着现代生物技术的发展，人们运用植物细胞培养技术来生产人参中的有效成分——人参皂苷。目前，人参细胞的培养产品，25 天内人参皂苷的含量可达到 3.5％～6％，而一棵栽培了 6 年之久的人参中人参皂苷的含量仅为 4.5％。

知识链接

人参与三七参、西洋参统称世界三大参，人参皂苷在人参中含量最高。人参中的有效成分除人参皂苷之外，还含有 15 种以上的氨基酸和大量的碳水化合物；人参还含有人参酸和挥发油，所以人参有一种特别的香气；人参中的维生素也十分丰富，另外还含有较多的磷、硫化合物和多种微量元素。

曼陀罗与“麻沸散”

读过《三国演义》的人，都知道“关羽刮骨疗毒”的故事。在与曹军作战时，关羽中了乌头毒箭，伤势严重，后经华佗之手“刮骨疗毒”很快痊愈。人们在赞赏关羽英雄气概和华佗医术高明时，很难想到一种叫曼陀罗的植物。但据后人考证，华佗施外科手术时，患者之所以不感到疼痛，主要仰仗他的麻醉秘方“麻沸散”，有了它的帮助，华佗可以为人施开腹手术。今天，科学家的研究表明，华佗“麻沸散”的主要成分就是曼陀罗。

曼陀罗又叫洋金花、大喇叭花、山茄子等，是茄科曼陀罗属植物，原产地在印度。现在，曼陀罗分布极广，几乎世界上的温带和热带地区都有野生。在我国各地的山坡上、草丛中、道路旁，甚至农舍的房前屋后，都不难见到它的踪迹。它那长长的喇叭形白色或淡紫色花朵大而美，因此它作为观赏植物，经常出现在我国宋朝时期文人的笔记中。但曼陀罗又有毒性，故文人在将各种植物拟人化时，戏称它为“恶客”。

曼陀罗被用作麻醉剂，首次应用并不是医药家，而是政府官员用来在西南一带镇压少数民族起义，仅在北宋，就发生过两起用曼陀罗麻醉捉拿对手的事件。南宋周去非在广西做官时，第一次详细描述曼陀罗花的形态和作用：广西曼陀罗，遍生原野。大叶白花，结实如茄子而遍生小刺，乃“人草”也。盗贼采，干而末之，以置人饮食，使之醉闷。盗贼用来麻人，然后拿起人家的箱子就走。

到了明代，李时珍对曼陀罗花的功效还曾做过试验。李时珍是我国古代著名的医学家，是重实践、重考查、重验证的实学学派的代表人物。

他在年轻的时候就听人说，有一种神奇的植物叫曼陀罗，人们一见到它就会情不自禁地又唱又跳。李时珍费了一些周折，终于找到了这种植物，一时并没有发现有什么异常。他为了探明究竟，也是为了改变人们的传说，走到哪里手里都拿着曼陀罗。后来他亲自服下了曼陀罗，发现它有麻醉和使人兴奋的作用，少量可以治病，过量，在别人的暗示下，的确可以叫你唱你就唱，叫你跳你就跳。此后，曼陀罗被广泛用于制造麻醉剂。到了清朝时期，曼陀罗已经成了麻醉药的首选药物了。

曼陀罗为什么有如此神奇的麻醉和致幻作用呢？现代药理研究发现，曼陀罗有麻醉作用是因其植株体内含有“东莨菪碱”的缘故，它是一种能够有效抑制中枢神经系统和解除支气管痉挛的抗胆碱药，医学工作者通过对其进行的药理试验，终于研究出中药麻醉术。用从曼陀罗花中提取的生物碱与其他药物组合可作为全身麻醉用药。在麻醉中，患者的呼吸与血压能够保持平稳，肝肾功能也无明显影响，而且操作简便，特别适用于手术麻醉，麻醉时间可根据情况维持 3～10 个小时，改变了人们以往“现代麻醉术只能依靠西药”的观念。所以，曼陀罗又被称为“东方麻醉剂”。1970 年，中国医学家成功地采用中药洋金花等合成麻醉剂，使 1 000 多年前的“麻沸散”重放光芒，博得了中外医学家的好评。

知识链接

曼陀罗花不仅可用于麻醉，而且还可用于治疗疾病。其叶、花、子均可入药，味辛性温，有大毒。花能去风湿，止喘定痛，可治惊痫和寒哮，煎汤洗治诸风顽痹及寒湿脚气。花瓣的镇痛作用尤佳，可治神经痛等。叶和子可用于镇咳镇痛。

中草药刘寄奴草

植物种类繁多，命名也五花八门。有用颜色差异来命名的，如白皮松、绿豆。有用味道取名的，如甜菜、苦瓜。有的植物是用数字取名的，如一叶兰、五色梅等。有些植物的名字还寓有民间传说，如虞美人等。还有些植物名称则是有纪念意义的，如刘寄奴就是为纪念发现这种植物药用价值的刘裕而得名的。

刘寄奴是东晋时人，他的大名叫刘裕。刘裕出生在一个没落的官僚家庭，虽然家境贫寒，但他喜好舞刀弄枪，练得一身好武艺。为了生计，年轻气盛的刘裕应征入伍，加入了东晋王朝驻扎在长江流域的北府军。

传说刘裕所在的部队驻地附近有一大片芦苇丛，里边藏着一条巨蟒，它常常在黄昏时袭击士兵，弄得军营里人心惶惶。北府军的主帅谢玄闻知此事，贴出悬赏告示，凡剿杀巨蟒者，以一等军功论赏。刘裕看见了告示，心想，这可是个难得的机会，与其在军队里默默无闻，还不如放手一搏，拼了性命也值了。于是，刘裕独自一人揭下告示，自告奋勇地去剿杀巨蟒。

三天后的一个黄昏，刘裕在芦苇丛深处开出了一块空地，把一只烤成金黄色的肥羊摆在地上，再把五坛陈酿美酒一字排开，揭开酒盖，那诱人的肉香与醉人的酒香缠绕在一起，随着轻轻拂过的江风在芦苇荡里弥漫开来。刘裕则潜伏在浅水处，一只手握着一张劲弓，另一只手搭着一只锋利的箭，静静地等着猎物上钩。突然，空地东边的芦苇丛中出现芦苇被拨动而发出的刷刷声。刘裕心里暗暗一沉，有东西过来了。刘裕马上拉弓搭箭，两眼死盯着空地。令他没有想到的是，从芦苇丛中钻出的竟然是一个富家公子打扮的青年男子。那人看着空地里丰厚的供品，面无表情，眼光扫着四周。刘裕看见是个人，正想上去告诉那人，要他马上离开。但转眼一想，这方圆百里除了兵营荒无人烟，哪来的富家公子。再说，他一个富家公子跑到这芦苇丛深处来干什么？刘裕不明白其中的蹊跷，放弃了出去的念头，一动不动，箭直指那富家公子。那人探下身子，闻了闻那肥嫩的羊肉，又用手蘸了一点酒放在口里，犹豫了一会儿，便放开手脚大吃起来。刘裕看见那人撕下一点羊肉细嚼慢咽，像个斯文人的样子，然后，抓起一坛酒往嘴里倒，有绿林好汉的爽快。刘裕感觉到眼里进了沙子，揉了一会儿，再细眼看那人，那人竟拿起整只烤羊往嘴里放，刘裕不相信，怀疑自己眼花了，再揉了揉眼，那根本不是张人嘴，那嘴像巨蟒的嘴一样张得出奇的大，整只羊放到嘴里，立刻咽了下去，牙齿嚼碎羊骨头的声音都能清楚得听见。刘裕被眼前的一切吓呆了，好一会儿回过神来，见一条水桶粗的青色巨蟒躺在空地上，两眼如铜铃一般在刚刚降下的夜幕里发着绿光。那酒被刘裕放了蒙汗药，现在药性发了，那巨蟒躺在空地酣睡。刘裕感觉血管里的血液在沸腾，拉满了弓，搭上毒箭，瞄准巨蟒那双在黑夜里很明显的双眼。“嗖”地一声箭离了弦，一瞬间扎进巨蟒的眼睛。巨蟒被突来的疼痛惊醒，也发现了躲在旁边的刘裕。硕大的蛇尾高高扬起，风一般扫过芦苇丛，无数支芦苇碎屑突然变成了飞刀，飞向刘裕。刘裕虽说身手敏捷，左闪右躲，但仍然身中数刀，剧痛难忍昏死过去。那巨蟒身受重伤，无心恋战，也迅速离去。

当刘裕醒来，已是第二天清晨。他从身上撕下一块布，包扎了伤口，沿着巨蟒留下的痕迹和血痕，一路追踪了十余里，这时，前面传来孩童嬉笑的声音。刘裕甚是奇怪，走上前去竟是五个青衣孩童，正在采摘一种不知名的野草，并用石臼捣烂。刘裕提着弓，问：“你们这帮无知幼童在这里干什么，难道不知道这里有吃人的巨蟒出没？”几个孩童仍旧嬉笑着说：“我们家主人被人用箭射伤眼睛，特遣我们来此采药。”刘裕心里一惊，难道天下有如此巧合的事？这些孩童听自己提及巨蟒竟丝毫不变脸色，其中必有蹊跷。刘裕假装离去，躲藏在周围监视着这些孩童。这些孩童采完药，便悄悄离去，刘裕一路紧随其后，这些孩童进了一座已经废弃多年的破庙里，便不见踪影。刘裕扔掉弓箭，拿出腰间匕首，进了破庙，庙除了几座坍塌的泥塑菩萨，不见他物。刘裕仔细搜寻着，在菩萨像的底座背后竟有一个洞口，洞口处有些粗大坚硬的蜕下的蛇皮，还有暗黑的血迹。刘裕断定这是巨蟒的老窝。于是，刘裕搬来数十捆易燃的芦苇，点燃，扔到洞口处。不一会儿，破庙就淹没在了熊熊烈火中。

突然间，一条巨蟒从烈焰中腾空飞起，一时火花四溅。那巨蟒落在地上，化成昨晚那个青衣男子，左眼缠着被血浸红了的白绸布。那男子右目瞪着刘裕，说："我跟你有何冤仇，你为何屡屡加害于我？伤了我不算，还放火毁我家。"刘裕捏紧了手中的匕首，同样怒目相向，说："你弑人性命，天理难容。"那男子恶狠狠地说："你要赶尽杀绝，就别怪我心狠了。"说罢，变回原形，高高地扬起头，嘴猛然张开，一股烈焰直奔刘裕而来。刘裕一个鹞子翻身，避开了这道火焰，却结结实实地摔在地上，伤口受冲击的疼痛让刘裕躺在地面，动弹不得。那火虽没烧着刘裕，却引燃了芦苇丛，火焰借助风势顿时让芦苇丛成了一片火海。在这千钧一发之际，晴空万里的天空不知从哪里飘来的一朵乌云，一道闪电如利剑般从乌云里射出，正劈在巨蟒头上，巨蟒轰然倒下。随后，一阵倾盆大雨把芦苇丛的大火浇灭了。刘裕捂着伤口，一点一点爬到巨蟒身边，一刀结果了巨蟒的性命。

刘裕割下蛇头，低下头看看自己的伤口，血不停往外流，已经很严重了，再不处理怕是回不到军营领赏了。刘裕想到了先前几个青衣孩童的话，挣扎着走到已成灰烬的破庙，找到洞口钻了进去，只见里面躺着几条被烧死的青蛇，旁边的石臼里盛着他们已经捣烂了的草药。刘裕把草药敷在伤口上，躺着休息了几个时辰，伤口竟感觉好了很多。刘裕想到自己以后戎马生涯，难免受伤，竟然碰到这么好的治疗金疮的好药，不如多采一点。于是，刘裕采完药，带着巨蟒的头回到军营。整个军营都炸开了锅，四处都流传着刘裕杀巨蟒的奇事。主帅谢玄对刘裕刮目相看，不仅兑现了承诺，还破格提拔刘裕成了军官。

刘裕有了自己的军队后，便把当年杀死巨蟒发现的草药公开出来，让部下使用。这草药从部队传到民间，民间把刘裕的小名刘寄奴用来给草药命名，从此刘寄奴草在全国流传开来。后来，刘裕把持了东晋的军权，自己坐上了皇帝的位置，成了南北朝时期宋王朝的开国皇帝。

刘寄奴至今仍是中药处方名，按照现在植物药的鉴别，刘寄奴就是菊科艾属的多年生草本植物——奇蒿。它以带花全草入药，不但有活血祛淤的功效，又有消食作用，故又有“六月霜”“化食丹”的别名。

知识链接

我们平常所说的植物名称大都是汉语名称。在国际上，为了各国科学家交流方便，国际植物学会议规定，各种植物的名称必须用拉丁语或拉丁化了的词进行命名，每个植物的学名均采用双名法：学名＝属名＋种名。

植物学家的故事

植物学家林奈

植物覆盖着地球陆地表面的绝大部分，随着人类社会的发展，博物学家们搜集到大量的动物、植物和化石标本。1600年，人们知道了约6 000种植物，而仅仅过去了100年，植物学家又发现了12 000个新种。到了18世纪，人们对生物物种进行科学的分类变得极为迫切了。这一问题是后来被称为“植物学之王”的林奈解决的。

卡尔冯·林奈于1707年出生在瑞典，他的父亲原是一个乡村牧羊人，后来成为当地的乡村牧师，家境很贫寒。林奈的父亲虽然没能给林奈一个富足的童年，但却使林奈从小就接触到了各种花木。林奈家有一个小花园，里面种植了许多的植物，这个花园激发了林奈对植物不可抑制的热爱。7岁时，林奈上学了，他的父亲希望他好好学习神学，以继承乡村牧师的职业。然而林奈却无心于此，在中学的毕业证书上显示，林奈在班上18名学生中名列第11位。学校老师给林奈的评语是“对学习缺乏兴趣，学习不努力，成绩不好，前景不佳”。

林奈糟糕的成绩和贫寒的家境，令他的父亲决定要他退学，去皮匠铺当学徒，或者去学做裁缝。关键时刻，林奈的物理老师改变了他的命运。这位老师知道，林奈的学习特点与众不同，他对拉丁语和自然科学情有独钟，对植物学有浓厚的兴趣。老师劝林奈的父亲，应该让林奈得到更多的自然科学教育。这样，1727 年，依靠父亲倾囊资助的 40 克朗，林奈终于上了大学，学习医学。从此，世界上少了一个手艺人，多了一个博物学家。

大学生涯对林奈来说既美好又困窘，他的吃穿开销都成问题，有时要在学习之余为同学补鞋，获得一点点收入。对植物的爱好使林奈坚持了下来。一次，林奈正在大学的植物园中聚精会神地观察植物，塞尔西教授走了过来，并对这个刻苦的青年很感兴趣。经过交谈，教授发现林奈是一个年轻有为的青年，当他了解到林奈的生活难以为继时，便慷慨地邀请林奈到自己家居住。在塞尔西教授的帮助下，林奈的学业突飞猛进，不久，作为一名还没有毕业的学生，他开始在大学讲授植物学，并发表了许多关于植物的文章。此时的林奈立下了一个志向：为地球上所有的植物、动物和矿物命名。

地理大发现开阔了欧洲人的视野，许多学者远涉重洋，从各大洲采集回了许多标本。但是，由于没有一个统一的命名标准，每个发现者都根据自己的喜好来命名所发现的动植物。当进行学术讨论时，由于命名的混乱，人们往往搞不清对方提到的生物到底是什么，在发表文章时生物名称更是混乱不堪。一个系统的命名法则成为生物学家们的迫切需要。林奈以对植物的深入了解为基础，提出了自己的“双命名法”。他在自己的著作《自然系统》中总结出一套命名规则，即每一种动物或植物用两个拉丁文单词来表示，第一个词是生物的属名，表示它所在的类群；第二个词是种名，与其他生物区分开；在种名的后面，再注上命名者的姓名，一方面表示荣誉归属，一方面表示此人要对这个命名负责。这个简单明了的命名法则一问世，就得到了生物学家们的赞扬和支持，经过 200 多年的应用和修订，成为国际上的学者命名新物种的统一准则。双命名法使纷繁复杂的万千种生物被科学地区分开来，人们一看到某种生物的两个拉丁词，就可以判断这种生物的类别归属。

林奈一生收集的植物标本达 14 000 号，他根据植物花的雄蕊特征，把植物分成了 24 个纲、116 目、1 000 多个属和 1 万以上的种。如此浩大的科学工程都由林奈一人完成，所以人们称呼他是“植物学之王”。

知识链接

瑞典政府为纪念林奈这位杰出的科学家，先后建立了林奈博物馆、林奈植物园等，并于 1917 年成立了瑞典林奈学会。为纪念林奈诞辰 300 周年，瑞典政府将 2007 年定为“林奈年”，活动主题为“创新、求知、科学”，旨在激发青少年对自然科学的兴趣，同时缅怀这位伟大的科学家。

植物学家班克斯

邱园是英国的皇家植物园，它的历史可追溯到1759年，当时的邱园是一座占地仅3.5公顷的英国皇家园林，将它变为举世闻名的植物园的是英国植物学家班克斯。

约瑟夫·班克斯出生于英国伦敦的一个贵族家庭。早在13岁时，班克斯就喜欢上了多姿多彩的植物，他下决心要去探索这个神秘未知的世界。于是他向当地为商人服务的采药女人学习植物学知识，从母亲那儿偷得植物学读本，慢慢地，他掌握的植物学知识就超过了他的中学老师。

1760年，班克斯进入牛津大学基督教会学校学习，与此同时，他也把对植物学的求知欲带进了这所当时显得死气沉沉的学校，他不满足于学校生物学教授的讲课，并向懂行的老师请教，并请校外当时最好的植物学专家来牛津讲学。1764年，班克斯到了继承父亲遗产的法定年龄，一跃成为英国最富有的年轻人之一，班克斯开始计划围绕植物教育和研究的环球之旅。几年后，班克斯以博物学家的身份，搭上了英国皇家海军“尼日尔”号渔业保护船，开始了长达7个月的海上生活。这趟旅行为他的植物标本集奠定了基础。

1768年8月25日，英国为开拓海外殖民地、提高海上航行技术的“奋进”号启程，班克斯拿出一万英镑的巨额资金，带着9个助手登上了这条船。刚开始的兴奋很快为旅途的苦难所代替，随着天气的恶劣，班克斯晕船的老毛病又犯了，几乎在整个航程里，他都在呕吐，尽管如此，他还是抓紧一切机会，细致地观察。

1768年11月13日，“奋进”号到达里约热内卢，这是葡萄牙的殖民地，班克斯满以为会受到热烈欢迎，可当地总督却极不友好，禁止他们上岸采集植物，班克斯只好冒着生命危险乘夜偷偷登陆，花了一整天时间寻找植物，搜集到包括西番莲科在内的316种植物，又乘着夜色回到船上。

1769年4月13日，“奋进”号一帆风顺地抵达塔西提岛马塔维亚湾，这里的景色美得惊人——绿色的山坡上到处是美味香甜的果实，大片大片的棕榈树和椰子树，白花花耀眼的沙滩……这一切在蔚蓝色宁静海洋的衬托下，真是一处人间的乐园。塔西提人十分好客，带着丰盛的食物，组成团队迎接客人。船员上岸后，塔西提人又献上绿色树枝表示友好。在这里，船员们目睹了土著居民住在树下，没有围墙的非常原始的生活。安顿下来后，船员与当地人的冲突日见明显，班克斯不得不居中调停。尽管为此占用了不少搜集植物的时间，可他也因此获得了了解塔西提人民族文化的机会。

1769年7月13日，“奋进”号再次扬帆，经过将近3个月的航行，登上毛利人居住的新西兰北岛。这里内陆植物繁多，使班克斯赞叹不已。在这里，他看到了蕨类植物桫椤，看到了世界上最大的毛茛属植物，还有一棵12米高的婆婆纳树。班克斯在这里收集了包括新西兰亚麻在内的40种新的植物。

1770年4月17日，这是一个有重大历史意义的日子，“南大陆”缓缓进入他们的眼帘，4月28日，他们停泊在一个村落对面。班克斯用望远镜发现，村民们一丝不挂，连始祖夏娃的无花果树叶都没有。村民们受过惊吓后，全部逃离了村庄。他们又搜集到一批新的植物，包括桉树、金合欢属植物、银桦属植物、含羞草属植物、槭叶酒瓶树，还有后来为了纪念班克斯而以他名字命名的澳洲山龙眼。因为这个地方植物种类的丰富，实属少见，班克斯为此取名植物湾。一路上，班克斯植物的搜集高速增长。就在这时，他们遇到了麻烦，“奋进”号触礁，卡在珊瑚礁里面，在船只检修期间，班克斯到乡村搜集植物，他的标本集又多了新的成员：南洋杉、大金钟柏树、黄桑、郁金香木、黄槿和袋鼠草。

1771年7月10日，“奋进”号顺利返航，班克斯一行受到社会各界英雄般的礼遇。“奋进”号之行结束后，班克斯开始着手整理以前搜集到的植物，竟然有1 300个新的植物种类，110个新的植物属类。后来，班克斯特意买下了位于伦敦中心的索霍广场32号，在这栋房子里，他建立了庞大的植物标本室和图书室，供各国科学家前来研究、查阅。在欧洲硝烟弥漫时，这里成了科学家们的避难所。此后，班克斯又在城外买下了春园，把这块16公顷的土地变成了培育植物、饲养动物的基地。就在这时，班克斯在“奋进”号的出色表现引起了国王的注意，他被聘为英国皇家园林——邱园——的非官方负责人。从此，得到国王厚爱的班克斯把邱园从皇室的乐园演变成以科学研究为目的的植物园。他利用自己的社交网络和威望从世界各地网罗植物，同时派出植物猎人到殖民地、偏远地区引进新的植物。

1788年，班克斯被选为皇家协会的主席，在这个位置上他一直干了很多年。在这些年里，他创建了系统地在世界范围内搜集植物的计划，使随后的两个世纪里成千上万的植物得以传遍整个地球，这是一笔对全世界园丁的最丰厚的馈赠。

1802年6月19日，班克斯去世。他在植物搜集以及植物园建设方面作出的贡献使他赢得了“现代植物学搜集之父”“植物园之父”两项桂冠。

知识链接

班克斯接管邱园后，经英国皇室的三次捐赠，到1904年，邱园规模已达121公顷。经过200多年的发展，现在的邱园占地360公顷，收集着约5万种植物和500万份标本，活的树木便有25万棵之多，是联合国教科文组织认定的世界文化遗产。

植物学专家麦森

在人类居住的地球上，年年草长莺飞，绿肥红瘦。这本是大自然再平常不过的变迁，然而，那些植物是怎么从遥远的美洲奔赴英国的？如何从热带雨林里的寻常客，一跃而成为欧洲植物园的座上宾的？原来，是“植物猎人”起了不可估量的作用。所谓“植物猎人”，是指那些到世界各地观察和研究植物，采集植物标本和种子，将某种植物引种到别处的学者和探险家。在英国的邱园成为巨大的世界植物园的过程中，一位名叫麦森的“植物猎人”便发挥了巨大的作用。

弗朗西斯·麦森生于1741年，从小就对各种植物有着浓厚的兴趣。当邱园的管理者班克斯把邱园建成植物的收藏基地时，年轻的麦森便来到邱园做了“助理园丁”。1772年，麦森被指派跟随英国大探险家库克船长的船队远征，成为了英国皇家植物园——邱园——的第一位“植物猎人”。

1772年7月30日，麦森来到了南非开普敦。他一下就被那里浓郁苍翠的植物世界吸引了。不久后，麦森雇了一辆由8头牛拉的篷车，找了个当地车夫，还请了个雇佣兵充当翻译和向导，开始了向东穿过开普平原的旅程。南非草原上的植物争奇斗艳，令人兴奋。麦森于1773年1月底返回开普敦，他对班克斯的远大见识由衷地敬佩起来，因为行前，班克斯就断言开普省有许多值得搜集的植物。在接下来的几个月中，麦森酝酿了一个更宏伟的计划。这个计划被来自瑞典乌普萨拉的林奈学院的学生桑伯格知道了，他想尽办法说服麦森，要求结伴而行。1773年9月11日，麦森、桑伯格骑着马跟随一辆满载物资和植物搜集用具的牛车出发了。

他们俩人的这次探险取得了累累硕果，在他们采集到的大批植物中，包括一种色彩艳丽的奇异花朵，当时的英国皇后认为它的花形特别酷似鸟冠和鸟嘴，而皇后所出生的故乡原名又叫天堂村，故赐名“天堂鸟”花。它传入我国后，我国的园艺专家觉得它的形状好像伸颈远眺的仙鹤，特又起名为“鹤望兰”。

南非之行后，麦森得到了巨大的荣耀，由此他成了世人瞩目的对象。邱园的琐碎工作再也留不住他的心，他强烈要求班克斯再给他远行探险的机会。1778 年 5 月 29 日，麦森踏上了巡游大西洋的船只，朝西印度群岛驶去。在航行的早期，班克斯分两批收到麦森搜集的 183 种植物。到了加那利群岛，麦森发现的植物中有壮观的蓝蓟，还有今天受人欢迎的瓜叶菊的始祖——瓜叶千里光。

1783 年，麦森又开始了为期两年的探险，当他到了他热爱的植物搜集地——南非——时，这里正在打仗，所有的外国游客不准远离超过开普敦 3 小时的路程，英国人更是被视为潜在的间谍。麦森无视这些禁令，在南非为邱园又搜集到不少新的植物种子，这其中就有马蹄莲和其他的灌木。

在以后的 8 年时间内，人到中年的麦森多次深入南非内陆探险，他把搜集到的植物先在开普敦的小花园培育，然后运回邱园。但最终还是难以承受南非的政治动荡，1795 年 3 月，他不得不返回英国。此时的麦森，已在异域和翻山涉水中度过了生命最旺盛的 20 年，他的耳畔似乎总回响着旷野的声音，邱园温室安静的生活已无法安放他的心灵。1797 年 9 月，他再一次启程驶向北美。这次航行屡遭挫折，先是法国海盗两次光顾船上，其中第二次海盗得手后，把他们赶到船上，吃尽了苦头。行程的后半部分，天气恶劣使他们的处境更是雪上加霜。尽管一路上有如此多的不利因素，麦森还是进入了加拿大，而且他始终没有忘记自己的使命，不断地把种子托运回邱园。然而，岁月不饶人，多少年的野外生活使身体的付出太大，加上他已习惯南非闷热的天气，蒙特利尔的严寒对他的健康十分不利。1805 年冬天的酷寒对他更是致命的一击，1805 年 12 月 23 日，这位把毕生的心血都献给邱园的植物学家长眠在了异国他乡。

麦森一生奔波，为邱园采集到了大量植物。在他引进的开花植物中，包括唐菖蒲、孤挺花、瓜叶菊、苣苔、天堂鸟花、帝王花等，这些花朵无论是做切花还是室内养殖之用，至今都使我们的温室和家居熠熠生辉。

智慧人生

大自然是人类的宝库，也是人类增长知识的地方。作为一位植物采集者，麦森是热爱自然、热爱生命的代表，正是由于这个原因，麦森才从一名普通园丁成长为了世界园艺史上最重要的人物之一。

植物大师吴其浚

我国的植物学有着悠久的历史，走过了由实用向纯科学发展的漫长道路。其中，实用阶段的历史较长，可以说从上古直到明清之际都属于这一阶段。这时的植物学知识主要见于历代本草学著作、农学、园艺及蔬菜等著作中。随着人们对各种植物认识的加深，到明清时期已开始向第二阶段即科学研究的方向发展。清代植物学家吴其浚的《植物名实图考》的出现，标志着这一重要阶段的开始。

吴其浚于1789年生于河南省固始县。吴家是当地的官宦人家，好几代人都当朝做官。当时，这样的人家都藏有相当数量的图书，这也为吴其浚从小就能接受良好的教育提供了条件。吴其浚从小就喜欢各种植物，而且读起书来也非常刻苦。1810年，年轻的吴其浚参加全省大会考名列前茅，成为举人。又过了7年，他进京参加了全国的殿试，并且金榜题名中了状元，随即被任命为翰林院管修撰的官。

吴其浚在北京只当了两年官，就又被任命为广东的正考官。后来，官越做越大，先后当过总督和巡抚，到过河北、山西、湖北、湖南、浙江、江西、贵州、福建、云南等许多地方，大半个中国都留下了他的足迹。可无论在哪里做官，或是从一地到另一地，吴其浚从来没有放松过他的植物学研究。也正是在全国许多地方的周游，才使吴其浚见到了更多奇花异草。他走到哪里，就研究哪里和搜集哪里的植物。由于公务繁杂，他就专门找了一些擅长绘图的人作随从，让他们把植物标本绘成图。只要他一有空，就会自己动手整理标本、绘图、研究。有时，为了搞清一种植物的生活习性，他会向一些有经验的农民和江湖郎中请教问题。

我国的中草药历史悠久，中草药里的知识内容博大精深。可当时并没有一部权威性的植物分类学专著，植物的命名相当混乱。比如，同一种植物，在不同的地区可能就有好几种叫法；而有时不同地方说的同一个名字，在不同地区却是指不同的植物。江湖郎中游走各地，有时就会出现问题，不是当地没有药，就是用错了药，吃错了药不但不能治病，严重时还会丧命。吴其浚看到这些情况，决心用毕生的精力编一部最全最准确的植物学专著。此后，他一面为朝廷做事，一面细心收集各种植物标本和资料。

经过几十年辛勤的工作，吴其浚收集的资料装了满满几大箱。他开始准备着手系统地整理这些资料，并把它们编成一部大书。白天处理公事，晚上伏案写作，长期的辛苦工作，使他得了重病。当时他在山西太原做巡抚，为了能在有生之年完成这本书，他给皇帝上书，请求辞官，皇帝同意了他的要求，从此吴其浚更是一心一意，集中精力写作了。吴其浚要做的事太多了，有些植物，自己从未见到过实物，没有亲自观察过、闻过、摸过，只能从别的书里转给下来。可是他的病却越来越严重，1847 年，58 岁的吴其浚永远闭上了双眼，离开了他向往的五光十色的植物世界！

吴其浚辞世后，云南蒙自人陆应谷继任山西巡抚，对于吴其浚的才学和志向很是敬佩，他决心完成吴其浚的遗愿，承担起整理遗稿的重任。两年后，他终于实现了吴其浚的愿望，《植物名实图考》这部我国 19 世纪最重要的植物学专著出版了。

《植物名实图考》共 38 卷，记载植物 1 714 种，是历史上记载植物种类最多的著作，同时也是一部具有世界影响的植物学巨著。它将植物分为谷、蔬、山草、隰草、石草、水草、蔓草、芳草、毒草、群芳、果、木等 12 类。书中所载的每种植物，大半是根据吴其浚亲自观察和访问所得，附绘精图，并择要记载了植物的形色、性味、产地、用途等；对于植物的药用价值，以及同物异名或同名异物的考订特别详细，纠正了前人的不少错误。如李时珍在《本草纲目》中将五加科的通脱木与木通科的木通混为一种，同列入蔓草类，吴其浚就把通脱木从蔓草中分出，列入山草类，纠正了李时珍的这一错误。他还在冬葵条中批评李时珍将当时人们已不喜食用的冬葵从菜部移入隰草类是错误的，并指出冬葵为百菜之主，直至清代在江西、湖南民间仍栽培以供食用，湖南称冬寒菜，江西称蕲菜，因而他又将冬葵列入菜部。以上数例表明，吴其浚已突破历代本草学仅限于性味用途的描述，而着重于植物的形态、生态习性、产地及繁殖方式的描述，大大丰富了植物学的内容。

《植物名实图考》附有 1 800 多幅图，其中的大部分图都是根据植物新鲜状态时绘制的，很多都能反映该植物的特征，如二十四卷毒草类，天南星、魔芋、由跋、半夏都是天南星科植物，外形十分相似，很易混淆。吴其浚不仅用文字阐明了彼此之间的差异，同时还用了 7 幅插图，绘出各种植物的根、茎、叶、花、果实的异同。由于《植物名实图考》所绘的图比较精确，而且增补和订正了本草著作中的一些谬误，因而对于研究植物、鉴别种名具有较大的科学价值，至今仍是研究我国植物种属及其固有名称的重要参考资料。

《植物名实图考》的问世，推动了我国植物学、本草学的研究和发展。1919 年，当这部书再次重印时，世界上许多国家图书馆收藏了它。吴其浚的植物学著作不仅让我们中国人，也让外国人看到了中华民族对世界植物学所作的重大贡献。

智慧人生

吴其浚之所以能够成为 19 世纪的著名科学家是因为他有一种实事求是的科学研究精神。他十分重视实践，能通过实践充分认识到科学知识的来源，同时，他也很重视前人经验，善于向书本学习。这些都反映了吴其浚治学方法的严谨，值得后人学习。

施莱登和植物细胞

今天我们都知道植物体是由细胞构成的，但这一结论的得出并非那么容易。自17世纪英国大科学家胡克把在显微镜下看到的木栓薄片中的小室称为“细胞”以来，不少学者对许多动、植物的显微结构都进行过描述，但并未引出规律性的概念。19世纪40年代，德国植物学家施莱登在总结前人大量研究的事实材料和设想的基础上，通过归纳，提出了一个关于细胞的生命特征、细胞的生理过程以及细胞的生理地位的理论，它标志着第一个较为系统的细胞学说的建立。

施莱登于1804年4月5日出生于德国汉堡的一个医生家庭。中学毕业后，施莱登在海德堡大学攻读法律学并获得博士学位。之后，他回到家乡汉堡从事法庭律师工作。1831年，施莱登放弃了律师职业开始学习医学，而后又对植物学发生了浓厚的兴趣，从而又进入柏林大学学习植物学，开始了对自然科学的研究。那时，施莱登的叔父，一位著名的植物生理学家赫克尔和另一位植物学家布朗正好都在柏林逗留，他们两人都很关心施莱登，希望他在植物胚胎学方面进行深入研究，这对施莱登一生的科学活动起了决定性影响。

1837年，施莱登完成了他的第一篇论文《论显花植物胚株的发育史》。他认为，只有对植物发育史进行研究才能获得对植物正确的认识，也只有这样，才能揭示植物内在的规律性。施莱登猛烈抨击了林奈的信徒们的那些陈腐的系统植物学，反对他们只是单纯地从事植物的采集、分类、鉴定、命名，而忽视对植物结构、功能、受精、发育和生活史的考察与研究。他把植物学重新定义为一种综合性的科学，其中应包括植物化学和植物生理学。

1838年，在布朗的影响下，施莱登从事植物细胞的形成和作用的研究，这是他对细胞学说进行的初步探索。同年，他发表了他的代表作《植物发生论》，在这个基础上，施莱登提出了植物细胞学说。在《植物发生论》一文中，他引用了布朗关于细胞核是细胞的组成部分的观点。施莱登通过对早期花粉细胞、胚株和柱头组织的观察，发现这些胚胎细胞中都有细胞核。他进一步研究了细胞核在细胞发育中的作用，认识到细胞核对细胞的形成和发育起着重要作用。施莱登把注意力集中在细胞核的功能和作用上来，这使他走上了正确的研究轨道。不久，他认为细胞核是植物细胞中普遍存在的基本结构。在此基础上，他进行了理论概括，提出了植物细胞学说。

施莱登的植物细胞学说认为：无论多么复杂的植物体都是由细胞构成的，细胞是植物体的基本单位。最简单的植物是由一个细胞构成的，多数复杂的植物是由细胞和细胞的变态构成的。施莱登认为，在复杂的植物体内，细胞的生命现象有两重性：一是独立性，即细胞具有独立维持自身生长和发育的重要特性；二是附属性，即细胞属于植物整体的一个组成部分，这是次要的特性。

1838年10月，在一次聚会上，施莱登把未公开发表的《植物发生论》中有关植物细胞结构的情况和细胞核在细胞发育中的重要作用的基本知识告诉了好朋友——德国动物学家施旺，施旺很感兴趣并大受启发，为其最终创立细胞学说奠定了基础。这样，实际上施莱登已经把他的细胞学说的范围从植物界扩大到了动物界。

1840年，施莱登被任命为耶拿大学植物学副教授。1842年，他出版了植物学教科书《植物学概论》，从1845年第二版开始又加上了一个副标题《作为归纳科学的植物学》。在这本书中，他提出了一些新的生物学方法论。他主张植物学研究必须利用显微镜进行仔细观察并进行生理学实验，观察和实验是生物科学研究的工作基础，多利用归纳的方法和因果分析的方法，才能有效地揭示科学内在的规律性。施莱登的这本教科书在整体结构上基本上是全新的，他从植物中物质元素的研究写起，接着用很大篇幅介绍植物细胞学说，然后论述形态学和组织学。不少评论者认为，施莱登的这本教科书充满生气并富于新思想，是植物学进展的一个转折点。这本书激发了人们的热情并吸引着年轻人投身于植物学研究，这是施莱登在植物学研究上的一个重要贡献。

1848年，施莱登写出了《植物及其生活》。这是一本科普性读物，内容简单、有趣，使更多的人获得了植物学知识。这本小册子广泛流传，是人们最喜欢的科普性读物之一，他也因此成为那个时代最成功的科普工作者之一。

恩格斯高度评价了细胞学说，把它与能量守恒和转化定律、生物进化论并列为19世纪自然科学的三大发现。现在我们已经知道，绝大多数植物的细胞直径一般为10～100微米，必须在显微镜下才能看到。也有少数植物的细胞较大，肉眼就可以分辨出来，如番茄果肉、西瓜瓤的细胞，直径可达1毫米；苎麻茎中的纤维细胞，最长可达55厘米。当我们了解这些植物细胞知识的时候，不应该忘记施莱登和施旺共同建立的细胞学说。

智慧人生

如果把每一个重大发现比喻成一条大河，那它的存在是那些涓涓细流汇聚的结果。施莱登建立细胞学说的故事告诉我们，科学的发现不是偶然的，一方面需要积累丰富的知识，另一方面要有敏锐的观察力和一丝不苟的精神，同时，还需要注意借鉴前人的经验。

培育果树专家米丘林

20 世纪，如果有哪个生物学家培育了一两个新物种，那就是很了不起的成就了，但有一位科学家一生却培育出了 300 多个果树新品种，他就是苏联卓越的园艺学家、植物育种学家米丘林。

伊万·弗拉基米洛维奇·米丘林于 1855 年生于俄国中部梁赞州的普隆斯克县一个守林人的家庭里。这是一个没落小贵族的家庭，世代爱好果树栽培事业，米丘林从小受家庭的影响，对栽培果树产生了浓厚的兴趣。果树园成了他的乐园，他爱上了果树园，把果树园当成自己的伙伴。8 岁的时候，米丘林已能做嫁接和压条工作，当他看到开满漂亮花朵的“中国树”竟然结出比樱桃还小的果子，而且涩得要命时，心里充满了惋惜、失望，稚嫩的脸颊上挂满了泪珠，他发誓，一定要让它结出又大又甜的果子。转眼到了春光明媚的时候，米丘林在园子里种上了“中国树”。当种子刚刚长出绿芽时，他不得不与之分别，踏上通往普隆斯克县立学校的路。1869 年，米丘林以优异的成绩考入梁赞中学，他的志向是进高等学校学习自己喜爱的园艺专业知识。他学习刻苦，而且很有个性，绝不盲目地服从任何人。不幸的是，他的父亲去世后，由于家庭贫困，他不得不中途辍学。

为了谋生，1872 年，米丘林开始在科兹洛夫城火车站当站务员兼做钟表修理工作。上班之余，他在自己住宅旁边的一小块空地上建立了自己的试验果园，培育起苹果、梨、樱桃等果树。为了对俄国的果树品种有所了解，在一年秋天，他一个县一个县地视察，看到几乎没有耐寒的优良果树品种，于是决心彻底改变祖国这种林果业十分落后的现状。他给自己的研究工作确定了两大任务：一是要在俄国中部培育出耐寒的浆果植物种类；二是要把南方的树种移向遥远的北方种植。

1875 年，米丘林把做钟表匠的积蓄全部拿出来，在佛罗内兹河边买了土地，把南方的优良品种的枝芽，嫁接在北方耐寒品种的砧木上。结果树是接活了，但当严寒来临，所有的接枝全部冻死了。他用嫁接的方法反复实验了 10 年，但都失败了。于是，他开始研究人工杂交和人工授粉的方法。在这项实验中，他领会到植物杂交幼苗容易受外界的影响而变异，明白了自己过去之所以失败是因为用了成年的纯种的缘故。他又培育出许多杂交幼苗品种，但寒流到来后，大部分幼苗又被冻死了。米丘林并不气馁，经过仔细观察，他发现在园里一角沙地上，长出的幼苗比较耐寒，于是他明白了："土壤肥，环境条件好，幼苗必然长娇了，因此不能耐寒。"他高兴得跳起来，说："必须用贫瘠的沙质土壤来训练耐寒的幼苗。走！搬到沙质土壤中去！"

1900 年，米丘林在离科兹洛夫城两公里的地方，找到了一片沙质地。他把树苗一棵棵移栽过去。在这里，他辛勤劳动了七八年，终于将许多优良的耐寒果树品种培育了出来。后来，米丘林又试验了使果实早熟的方法，他把一千多公里以外的南方果树，移到北方，最后，这些南方的果树终于在北方安了家，并开放出芬芳的花朵，结下了丰硕的果实。米丘林的名字很快在国内外传播开来了，就在这时，美国农业部想以巨资购买米丘林所收集和创造的全部果树品种，并用高薪吸引米丘林去美国工作。然而，米丘林宁愿在困难的条件下艰苦地工作，也不愿放弃为祖国服务，他继续在满布着荆棘的道路上埋首于改造大自然的工作。到 1917 年苏联爆发十月革命的时候，米丘林的苗圃里已有来自于世界各地的约 800 种植物的基本品种了。此后，米丘林的工作受到了列宁的重视。1918 年，苏联政府接收了米丘林献出的苗圃。1928 年，政府在苗圃基础上建立了米丘林果树遗传育种站。

功夫不负有心人，辛勤的探索加上科学知识的引导，米丘林后来终于成为了一名伟大的园艺学家。在他长达 60 年的园艺科研实践中，共培育出了 350 多个果树新品种，为苏联的林果业作出了重大贡献。

智慧人生

米丘林的巨大成就得益于他坚韧辛勤的探索，沙地幼苗栽培的偶然发现，正是他长期探索研究的一个新的有利转机。米丘林迅速抓住这一新的偶然转机，成就了他的果树培育事业，实现了他“不能等待大自然的恩赐，必须向大自然去索取”的著名格言。

“园林之母”威尔逊

进入近代后，西方英、法各国随着社会经济的进步，园林艺术的迅速发展，对海外的奇花异草有更多的需求。当时来华的西方人很快对我国众多异乎寻常的植物产生了强烈的兴趣，他们派“植物猎人”到我国搜寻植物种苗，这其中就包括英国杰出的博物学家欧内斯特·威尔逊。

威尔逊于 1876 年出生在英国开普敦一个铁路工人家庭。13 岁那年，威尔逊成为一名花工，后来，他在伯明翰技术学院学习植物学，并到著名的英国皇家植物园邱园深造。1899 年 6 月 3 日，威尔逊受雇于英国著名的维奇公司，以“植物猎人”的身份来到中国，搜集被称作鸽子树的珙桐。

1900 年 2 月，沐浴着新世纪的曙光，威尔逊抵达长江畔的宜昌，此后，他立即组织了一只探险队，乘船逆江而上，穿过三峡，向川鄂交界地带属于湖北一侧的巴东县进发。在这里，威尔逊发现了一棵珙桐树，遗憾的是它已被人砍断了。但几天后，他在鄂西区域的山野里发现了造型奇特营养丰富的猕猴桃。四处探访数月后，威尔逊的耐心获得了幸运之神的眷顾，5 月 19 日这天，他终于在一片葱翠的密林里找到了珙桐。

珙桐为落叶乔木，通常高十数米，长有圆锥状婆娑树冠，绿叶呈宽卵形，叶子背面长有浓密的白绒毛，珙桐花开放时，犹如白鸽翻飞，花序下两片纯白的苞片酷似鸽子的双翅，紫红的花序像鸽头，黄绿的柱头像鸽嘴，所以人们把它叫作鸽子花。过了一段时间，威尔逊从这棵树上采集到许多珙桐种子，这些种子藏在橄榄状的褐色果核内，每枚果核里有 5 至 7 粒种子。与此同时，敏锐而干劲十足的威尔逊在同一区域里采集到上百种植物标本和植物新种，包括山玉兰、小木通、大白花杜鹃、尖叶山茶、虎耳草、盘叶忍冬、巴山冷杉、红桦、血皮槭等。

1902 年 4 月，威尔逊回到英国，受到维奇公司老板维奇爵士的热烈欢迎。不料几天后，一个令人恼火的消息传来，一个法国人早在 1897 年就已把一株光叶珙桐的几十粒种子带到了巴黎，其中的一粒种子还发芽长成了小树。威尔逊作为该树种“第一个引进者”的资格被剥夺的同时，更糟糕的是，他带回来的种子在苗圃里种下后一直没发芽。谁也没料到珙桐树种下地后需要比其他树种长得多的时间才能发芽，好在一段时间过后，那些种子终于发芽了，而且数目多达一千多株。威尔逊的首次远东之行，也因这批长势喜人的树苗而引人注目。

1903 年 1 月 23 日，新婚燕尔的威尔逊第二次接受维奇公司的派遣，前往远东地区的四川寻找黄色罂粟科植物——全缘叶绿绒蒿。这年 6 月，威尔逊从成都抵达山明水媚的乐山。7 月 1 日，他登上雄奇的瓦屋山，在瓦屋山采集了大约 200 种植物后，威尔逊和随从沿着汉源方向一路西行，经过 2 个星期的艰难旅途，于 7 月 14 日来到康定附近的一个小镇。在附近一座山上，威尔逊发现了被欧洲人称作“黄色罂粟花”的全缘叶绿绒蒿。第二年暮春时节，情绪高涨的威尔逊再次来到康定一带，在花香四溢的山野里找到了川西绿绒蒿、紫点杓兰、西藏杓兰等高山花卉。不久后，威尔逊离开康定向松潘高原挺进，在那里找到了首次引种后在西方引起了轰动的帝王百合，8 月底，他又在松坪一带的大山上找到了火焰般盛开着的大片红花绿绒蒿。1905 年 3 月，威尔逊满载而归回到英国。这一次，他带回了 510 种树种以及 2 400 种植物标本。

1905 年冬天，美国哈佛大学阿诺德植物园的负责人萨金特拜访了威尔逊，想请他作为阿诺德植物园的植物猎人前往中国。当时，威尔逊的妻子有孕在身。再三犹豫之后，威尔逊最终还是答应了下来。1906 年 5 月 21 日，威尔逊的女儿诞生了，就在同一天，他采自康定的一种报春花也开花了。高兴之极，威尔逊给孩子取名为穆里尔普里姆罗斯，意为报春花，这种植物也因此被命名为“香海仙报春”，又称威尔逊报春。

1908 年 5 月，威尔逊来到四川成都。以成都为根据地，威尔逊到灌县、汶川、岷江河谷、丹巴一带进行田野考察。冬天时，他把搜集到的一批标本和种子寄运到英国，没料到出了意外，托运 18 237 株百合球茎时，为了省钱，没有用泥巴进行包裹，结果运到英国后，95%的百合球茎都溃烂了。这年11月14日，光绪皇帝驾崩，次日，清帝国的实际掌控者慈禧太后也去世，威尔逊得到消息，担心一场政治上的大地震将不可避免，中国将陷入混乱，于是萌生去意。正在这时，他得知萨金特和原来的雇主维奇爵士联合委派了一个叫朴顿的植物猎人来到中国。不久，威尔逊离开四川前往北京，在那里和朴顿无私地交流了在中国西南进行田野考察的经验。

1909年4月25日，威尔逊把收集到的一大批植物种子和标本寄往波士顿，其中包括三峡槭、甘青铁线莲的变种、紫金莲、山茱萸、西康玉兰、圆叶玉兰、林芝云杉、宝兴杜鹃等。随后，威尔逊搭乘火车返回了欧洲。但没过多久，萨金特便以上次采集到的百合球茎在邮寄过程中出了问题为借口，说服威尔逊开始了他的第四次中国之行。这一次，威尔逊为阿诺德植物园增添了5万余件植物标本和1 283袋种子，这批东西中包含着382个植物新种和323个中国本土植物的新变种。

随着威尔逊对中国花卉了解的增多，他认识到中国花卉对世界各国的园林起到了举足轻重的影响。1913年，他写下了《一个博物学家在华西》这一有影响的著作。此书在1929年重版时易名为《中国——园林之母》。威尔逊的这一观点，立刻得到西方的普遍认同。随着时间的推移以及我国传出花卉观赏植物的增多，威尔逊的观点的依据还在不断被加强、充实。如今，原产我国的奇花异草和风景树木在世界各地的园林和风景名胜区争奇斗艳，流芳溢彩，为美化各国人民的生活作出了巨大的贡献。

智慧人生

为了探索植物之谜，威尔逊用了近30年时间，风餐露宿、披荆斩棘，浪迹于高山大川间，他的汗水和辛勤，换来的是欧美植物园内1 000多个新的植物品种。威尔逊的故事告诉我们：神奇的大自然蕴藏着无穷的奥秘，只要用心寻找，就一定会有新的发现！

植物分类学学家胡先骕

现在生长在地球上的植物有数十万种，要对数目如此众多、彼此又千差万别的植物进行研究，第一步必须先根据它们的自然性质，由粗到细、由表及里地进行分门别类，这门学科就是植物分类学。我国植物分类学的奠基者是著名植物学家胡先骕。

胡先骕于 1894 年生于江西新建县联圩乡的一个名门望族。他的曾祖父考取过道光年间的探花，父亲是道光年间第三甲进士，就连他的母亲也通晓经史、善作诗词。因深受家庭熏陶的缘故，小先骕六七岁时就表现出非同一般的天赋，被乡里百姓称为神童。

1905 年春，胡先骕 11 岁时遵母命赴南昌府学考试，被录取为府学庠生。1906 年，中国废止了科举制度，胡先骕到南昌府办的洪都中学堂学习，开始接受现代自然科学教育，1909 年，考入京师大学堂预科学习。1912 年 9 月，当时的江西省教育司举办留学生考试，胡先骕又获得头名，随即作为江西省首批赴美留学生，先后在加利福尼亚大学和哈佛大学学习农业学和植物学。

1916 年夏，胡先骕学成回国，与妻子家人团聚。当时他的家庭经济状况并不好，为养家糊口，他先在江西庐山森林局任副局长，一年半后，即 1918 年秋他受聘为国立南京高等师范学校农林专修科植物学教授。

植物学教学和研究的对象是植物。中国植物资源极其丰富，为西方植物学家所羡慕，自 16 世纪起就有外人来华采集，到 19 世纪中叶则有更多的植物学家、采集家、探险家来华采集，所得都运回自己国家，收藏在各大植物园或自然历史博物馆中，以供研究之用。外国人在中国大肆采集，而国人对此却全然不知，对自己的资源既不珍惜，也不研究。胡先骕还在美国留学时，就认为这是一种民族的耻辱。所以，他组织领导的研究工作，自然要从采集入手。

1919年秋，胡先骕决定进行一次大规模采集标本和调查植物资源的活动。在征得北京大学、北京高等师范学校、沈阳高等师范学校的同意后，就共同发起组织，很快便得到国内7所高等学校、24所中学的赞同，商务印书馆也愿予以赞助。1920年夏，胡先骕率队赴浙江采集，历时3个月有余，途经10多个县。1921年春，胡先骕又带队去江西吉安、赣州、宁都、建昌、广信、南昌，途中曾转而进入福建武夷山区，相继采得大量的植物标本。这两次采集到的标本多达万余号，胡先骕经过整理鉴定后，相继写出了《浙江植物名录》《江西植物名录》《浙江菌类采集杂记》《江西浙江植物标本鉴定名表》和《增订浙江植物名录》等著作。后来又进一步研究，撰成论文《东南诸省森林植物之特点》，并以此文参加第四次泛太平洋学术会议，赢得了国际声誉。

1921年，国立东南大学于南京成立，特聘胡先骕为该校农科教授。为了发展中国的近代生物学事业，胡先骕与钱崇澍等人在南京共同筹建中国科学社生物研究所。经过一年多的筹备，中国科学社生物研究所于1922年成立，胡先骕担任植物部主任。那时候，新式教育虽然已经推行10多年，但博物学的教学水平很低且没有适合的教科书。为了使中国的大学生能够读到由自己国家的科学家编写的大学教材，胡先骕与钱崇澍等人于1922年共同编著了中国有史以来的第一部专供大学生物系学生使用的中文《高等植物学》。该书的理论及分类内容比较新颖，一改过去沿用日本教科书的编著体例。胡先骕还凭借对汉语语言学的深厚修养，改正了原来移用不当的日文术语，如将“隐花植物”更正为“孢子植物”，“显花植物”更正为“种子植物”，“藓苔植物”更正为“苔藓植物”，“羊齿植物”改为“蕨类植物”等，这些更正后的名称一直沿用到现在。

1923年秋，胡先骕再次赴美入哈佛大学深造，由于学习成绩优秀，仅用一年即获得硕士学位。他还在哈佛大学阿诺德森林植物园内，用2年多的时间把该园自1899年起从中国西部和中部采集并运走的植物标本，以及国外各期刊中登载有关中国植物的科属记录一一检查、收集，整理编写成一部《中国种子植物属志》作为博士学位论文。1925年，胡先骕获博士学位后回国。当时，因国内急需资料鉴定标本，胡先骕的博士论文书稿被相互辗转传抄达10次之多，为中国植物学者开始学习研究植物分类提供了必要的文献。

1928年，胡先骕等人于北京创办了静生生物调查所，胡先骕任植物部主任。此后，他主持开展了对我国华北、东北及渤海等地区的生物资源调查、采集及分类学研究，后又把工作目标投向生物资源非常丰富的四川、云南，经过努力，发现了很多新种，其中影响最大的，是在四川万县发现和命名了有“活化石”之称的水杉。这个发现，被认为是中国现代科学的重要成就，对植物形态学、分类学和古生物学都有重要意义，轰动了当时国际生物学界。

1949年，静生生物调查所被新成立的中国科学院接收，改组为植物分类研究所。胡先骕以研究员的身份继续为祖国的植物学研究贡献着力量。1950年，他根据自己多年研究植物形态解剖学、植物分类学、遗传学和古植物学各方面的心得，发表了《被子植物的一个多元的新分类系统》一文，他的主要论点是被子植物出自多元，也就是说，被子植物不是起源于一次，而是多次起源的。这是中国植物分类学首次创立的一个新的被子植物分类系统，这个理论对传统的植物分类学是一种背离，因而遭到不少人的冷遇和讥笑。直到胡先骕去世30多年之后，才逐渐得到学术界的肯定和重视。

胡先骕以自己渊博的学识为祖国争得了荣誉，他无愧于“中国植物分类学之父”的美誉。

知识链接

被子植物的属种十分庞杂，因此，对被子植物的祖先存在单元论和多元论两种起源说。持单元论观点的人认为被子植物只能起源于一个共同的祖先，持多元论观点的科学家则认为被子植物来自许多不相亲近的群类，胡先骕是多元论的代表。

地植物学家刘慎谔

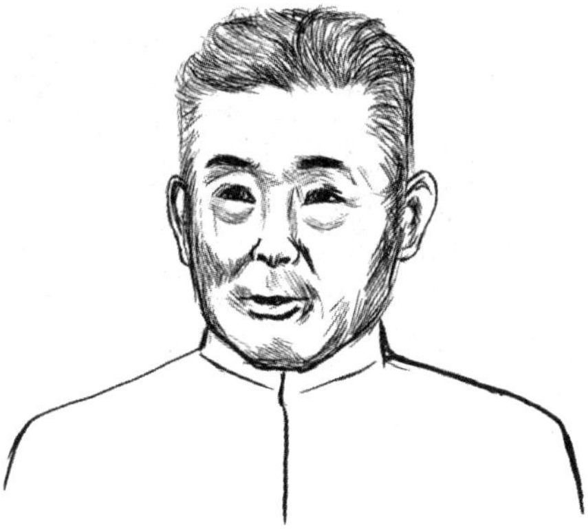

70 多年前，为了发展我国现代植物科学事业并在社会上普及植物学知识，19 位植物学家发起成立了中国植物学会。在这 19 位发起人中就包括后来成为我国著名植物学家的刘慎谔。

刘慎谔于 1898 年出生于山东牟平一个农民家庭，幼时靠伯父资助上过几年私塾。1918 年在济南第一中学毕业后考入保定留法高等工艺学校预备班。1920 年到法国勤工俭学，在郎西大学农学院学习植物学。他勤奋学习，刻苦攻读，就是在星期天和节假日也很少休息，他带着面包和植物标本夹到法国各地去采集植物标本和调查研究。1926 年，一位法国植物学家给刘慎谔提出了有关法国高斯山区植被的几个问题，他为了解答这几个问题，单身一人在高斯山区辛勤工作了 3 年，于 1929 年在巴黎大学提出《法国高斯山植物地理的研究》学术论文，并通过答辩，获得法国国授理学博士学位。

刘慎谔在法国留学近 10 年期间，几乎走遍了法国的名山大川，采集了 2 万多号植物标本，对法国的植物有很深的研究。他的学习和工作精神以及他的著作，都受到法国朋友们的称赞。1929 年，刘慎谔怀着研究和发展中国植物学科的雄心壮志，带着一箱子书籍、资料和大量植物标本回到了祖国。

刘慎谔回国后，被聘为北平研究院新成立的植物学研究所所长兼专任研究员。他一面从国内外收集有关研究资料和图书，一面组织人力分头到各地去采集植物标本。他还亲自培养人才，教所内工作人员学习法文，讲授有关植物学科的理论知识和研究方法，同时还选派人员出国学习。这一切努力使科研工作逐步走上轨道，从无到有地发展起来，为以后我国植物学的发展奠定了基础。

1931年，刘慎谔参加了由中法科学家组成的“中法西北学术考察团”，从北京到迪化（今乌鲁木齐）考察植物和森林。途中，考察团因故解散，刘慎谔便只身前往新疆等地考察。1932年初，刘慎谔为了尽可能地得到第一手资料，决定独闯青藏高原。他买了一群羊，单人匹马，经天山越昆仑，一人在这没有炊烟、没有飞鸟的青藏高原进行植物考察。从1931年5月离开北平后，除了收到他托人从乌鲁木齐带回的两箱标本外，就再也没有收到他的只字片语，他在北京的家人和同事都十分焦急，以至于失望，认为他遇难了。正当人们准备为他举行追悼会时，却由印度德里飞来一纸电文，原来他已穿越青藏高原，进入印度。接着他又由德里北去，入克什米尔，最后抵达加尔各答，继续考察，采集到植物标本2 500多号。

1933年2月，刘慎谔安全回到了北京，前后将近两年。后来他又数次到西北考察，将所得资料写成了《中国西部和北部植物地理》一书，为我国新疆、青海和西藏地区的植物种类、植物地理分布、植物区系、植被类型和植被区划等方面收集了最早的一批珍贵科学资料。在此期间，刘慎谔在北平万牲园筹建了一个植物园，几年后，由于日本帝国主义从东三省向关内进犯，北平形势紧张。刘慎谔为了避免损失和能够继续进行科研工作，把植物学研究所迁到武功，和国立西北农学院联合成立了西北植物调查研究所。他亲自到西北各地挖掘苗木、收集花木，又筹建了一个植物园。1941年，刘慎谔随北平研究院南迁到昆明，住在昆明西山的一个庙里，继续采集植物标本并调查研究，同时还在西南联大兼课，并在昆明又筹建了一个植物园。在那动乱的年代里，他勤勤恳恳地工作，走到哪里研究到哪里、把植物园建立到哪里，他散布的科学种子到处生根、发芽。

新中国成立后，刘慎谔担任了东北农学院植物调查所所长，后又在沈阳中科院林业土壤研究所担任领导职务，为东北的植物研究作出了杰出的贡献，为森林的合理开发提出了独特见解。

刘慎谔一生著作颇丰，先后撰写、主编了《动态的植物学》《历史植物地理学》等几十本植物学著作，是我国著作最多的植物学家之一。1975年11月23日，为祖国科学事业奋斗终生的刘慎谔教授去世了，但是他创建的事业和撰写的大量著作，都是留给后一代植物学工作者的宝贵财富。他不屈不挠的创业精神将永远激励着我国年轻的植物学工作者勇攀植物学高峰。

知识链接

中国植物学会于1933年8月20日在重庆成立。第一届会员105人，钱崇澍当选为第一任会长。在中国植物学会的19位发起人中有13位是植物分类学家，他们是：胡先骕、钱崇澍、陈焕镛、辛树帜、裴鉴、秦仁昌、钟心煊、刘慎谔、吴韫珍、陈嵘、董爽秋、张埏、林镕。

会变戏法的植物大家——卡弗

1921 年，在美国参议院举行的一次会议上，一位年近花甲、身着黑衣的黑人学者走上讲台，向参议员们展示了干酪、黄油、纸、墨水、肥皂等一大木箱食品和用品。当他谈到这些都是他研制的花生制品时，全场哗然。他用雄辩的事实证明，花生是一种十分有价值的农产品，应该受到关税的保护。这位黑人学者就是被称为“植物魔术师”的乔治·卡弗。

卡弗出生在密苏里州一个农场主的庄园里。他自幼丧父，同母亲相依为命，人们并不清楚卡弗确切的生辰，因为他是黑人。在卡弗出生的那个年代和地点，黑人还处在奴隶地位，被人视若牛马，不当人看。他生下来还只有几个月的时候，就和母亲被一群盗卖奴隶者抢走，母亲不久就被转卖到他乡。农场主用一匹马换回并收养了他，起名乔治·卡弗。但因此小卡弗的准确出生日再也无人知晓，只知大约是 1864 年。

卡弗从小就非常喜爱植物，经常一人到山野里去采集花草树木，然后带回农场种植。小卡弗 10 岁的时候，强烈的读书愿望使他来到了威尼奥肖城。开始他一边学习，一边靠砍柴、送信挣钱来维持生活，晚上就睡在城边一个破谷仓里。学校放假后，他就到附近农民家里干活挣学费。后来他又来到堪萨斯州的斯科特堡继续求学。在这里他继续靠打工做家务维持生活和学业。就这样经过三年，他终于读完了高中。强烈的求知欲促使卡弗决心上大学，但当时，美国各大学都不招收黑人学生。他经过一次次努力，终于在 1887 年秋天，敲开了依阿华州辛普森学院的校门，成了该院第一位黑人学生，三年后他以优异的成绩毕业，并被辛普森学院推荐进入依阿华州立农学院继续深造。1892 年卡弗获得了理学硕士学位，并留校担任植物学课教师。

1896年，卡弗已是一位小有名气的植物学家了。但就在这时，他放弃了母校较为优裕的生活和工作条件，前往南方的亚拉巴马州特斯基吉一所新开办的黑人师范和专业学校任教。在这里他担任了农学系主任，并为学校的建设作出了巨大贡献。

20世纪初，棉铃虫蔓延到亚拉巴马州，对棉花生长影响十分严重，再加上连年种植同一种农作物，地力消耗很大，棉花种植业面临严重危机。当人们询问卡弗该怎么办时，他果断地说："耕掉棉花，喷洒农药，一个月后种花生。"

"花生！"人们叫嚷道，"花生是猪食呀！人们只是吃上几颗，但却吃不多的。谁也不会找我们买花生的。我们可不能单单靠花生过日子。""你们错就错在这里了，"乔治·卡弗说道，"花生是人类的极好的食品。咱们还能用花生制作各种各样的东西。只管种花生吧。我会告诉你们花生有什么用处的。"卡弗随后写了一篇论文并把它寄给几百个自耕农。论文里说，花生能使土地肥沃且易于生长，人吃了花生对身体有好处，用花生喂猪，就能长出很好的肉，而且花生油是世界上最好的一种植物油。

亚拉巴马州的许多自耕农听卡弗的话种起了花生。卡弗很高兴，但也很担心。他们怎么处置这么多的花生呢？怎样才能卖掉这么多的花生呢？他带了几篮子花生走进自己的实验室并且锁上了门。过了几天，他走出实验室对他的几个学生说："跟我来。"实验室里摆着的全是用花生制作的人造干酪、人造牛奶、粉扑、油墨、黄油、肥皂、咖啡和着色剂的样品。

1921年，花生种植者联合会邀请卡弗去华盛顿对美国参议院的一个委员会发表讲话。他带了一口大木箱，里面装满了他用花生制作的产品。他向参议员们证明，花生是一种极其珍贵的食品，理应制定进口税率加以保护。

成功地推广了花生种植以后，卡弗转而对亚拉巴马人种的另一种食粮——甘薯——发生了兴趣，他成功地用甘薯制作了100多种产品，其中有面粉、胶和人造橡胶。在1914年到1918年第一次世界大战期间，卡弗带着甘薯到华盛顿，美国政府立刻把甘薯面粉用作美军、英军和法军的食粮。

1943年1月5日，卡弗在亚拉巴马州的特斯基吉逝世。此后，美国政府买下了他的出生地——密苏里州的卡弗农场，并在这里建成了乔治·卡弗遗物及档案馆，以纪念这位杰出的植物学家。

智慧人生

在美国，人们往往把卡弗和大发明家爱迪生相提并论。他俩的相似之处不仅仅是搞出了众多的科学发明，而且还在于卡弗和爱迪生一样都有一段苦难的童年经历以及不屈不挠的奋斗史，正因为如此，他才从一名黑奴成长为与爱迪生齐名的发明家。

巴克斯特的实验

俗话说："人非草木，孰能无情。"其实不然，人们通过一系列实验证明植物也是多情种，克里夫·巴克斯特的实验就是其中之一。

巴克斯特是美国中央情报局的测谎仪专家。1966 年 2 月的一天，他在给庭院的花草浇水时，一时心血来潮，把测谎仪的电极连到了一株天南星科植物——牛舌兰——的叶片上，并向它根部浇水。当水从根部徐徐上升时，他惊奇地发现：测谎仪的电流计并没有像预料中那样出现电阻减小的迹象，在电流计图纸上，自动记录笔不是向上，而是向下记下一大堆锯齿形的图形，这种曲线图形与人在高兴时感情激动的曲线图形很相似。

巴克斯特随后改装了一台记录测量仪，并把它与植物相互连接起来。他构想了对植物采取一次威胁行动——用火烧植物的叶子，一瞬间在心中想象了这一燃烧的情景，图纸上的示踪图瞬间就发生了变化，在表格上不停地向上扫描。而巴克斯特此时根本没有任何动作。随后他取来了火柴，刚刚划着的一瞬间，记录仪上再次出现了明显的变化。燃烧的火柴还没有接触到植物，记录仪的指针已剧烈地摆动，甚至记录曲线都超出了记录纸的边缘，出现了极强烈的恐惧表现。后来他又重复多次类似的实验，比如，当他假装要烧植物的叶子时，图纸上却没有这种反应。植物还具有辨别人真假意图的能力。巴克斯特和他的同事们在全国各地的其他机构用其他植物和其他测谎仪做了类似的观察和研究。他们对 25 种以上不同的植物和果树进行试验，其中包括莴苣、洋葱、橘、香蕉等，得到的是相同的观察结果。

巴克斯特曾经设计过这样一个试验：他当着植物的面，把几只活海虾丢入沸腾的开水中，这时，植物马上陷入到极度的刺激之中。试验多次，每次都有同样的反应。为了排除任何可能的人为干扰，保证试验绝对真实严谨，他用一种新设计的仪器，不按事先规定的时间，自动把海虾投入沸水中，并用精确到1/10秒的记录仪记下结果。巴克斯特在三间房子里各放一株植物，让它们与仪器的电极相连，然后锁上门，不允许任何人进入。第二天，他去看试验结果，发现每当海虾被投入沸水后的6～7秒钟后，植物的活动曲线便急剧上升。根据这些，巴克斯特指出，海虾死亡引起了植物的剧烈曲线反应，这并不是一种偶然现象。几乎可以肯定，植物之间能够有交流，而且，植物和其他生物之间也能发生交流。在美国耶鲁大学，巴克斯特曾当众将一只蜘蛛与植物置于同一屋内，当触动蜘蛛使其爬动时，仪器记录纸上出现了奇迹——早在蜘蛛开始爬行前，植物便产生了反应。显然，这表明了植物具有感知蜘蛛行动意图的超感能力。

为研究植物的记忆能力，巴克斯特将两棵植物并排置于同一屋内，让一名学生当着一株植物的面将另一株植物毁掉。然后让这名学生混在几个学生中间，都穿一样的服装，并戴上面具，向活着的那株植物走去，最后当“毁坏者”走过去时，植物在仪器记录纸上立刻留下极为强烈的信号指示，表露出了对“毁坏者”的恐惧。类似验证植物具有记忆力的试验还有很多，例如，有人曾把测谎仪接在一盆仙人掌上，一个人把仙人掌连根拔起，扔在地上，然后把仙人掌栽到盆里，再让那个人走近仙人掌，测谎仪上的指针马上抖动起来，同样显示出仙人掌对这个人很害怕。

巴克斯特的实验引起了科学界的巨大反响，可是在当时，许多科学家认为难以理解，他们表示怀疑，美国加利福尼亚国际商业公司的化学博士麦克·弗格则认为这种研究有点荒诞可笑，他为了寻找反驳和批评的可靠证据也做了很多试验。但在他得到试验结果后，态度却一下子来了个大转变，由怀疑变成了支持。这是因为他在试验中发现，当植物被撕下一片叶子或受伤时，会产生明显的反应，而且还证明了植物具有感知人心理活动的能力。于是，弗格一改原来的观点，在一次科学报告会上指出，植物存在着一种可测量到的“心理活动”，通俗地说，就是植物会“思考”，也会“体察”人的各种感情。

一连串神奇的新发现，使科学家们感到越来越难以理解，假如植物确实有丰富的“感情”，那么，它岂不是也会像人类那样产生活跃的“精神生活”？近年来，许多的生物学家对这项研究产生了浓厚的兴趣，纷纷加入了这一研究行列。尽管已经有了众多的实验证据，但关于植物有没有“感情”的探讨和研究，依然没有得到所有科学家的肯定。看来，自然界又多了一个待解之谜。

智慧人生

纷繁复杂的自然界有着无穷的奥秘。人们对大自然进行研究和探索时，常常会遇到一些意想不到的新问题。思维灵活的人们就会敏锐地抓住这些新问题进行研究，这样，往往会得到意想不到的创造成果。巴克斯特的试验就是一个很好的例子。

小麦培育专家布劳格

他是1970年诺贝尔和平奖得主，他的高产杂交小麦技术帮助数百万人远离了饥饿。他就是美国著名的农学家，有“绿色革命之父”“小麦先生”之誉的诺曼·布劳格。

布劳格出生在美国依阿华州，他的童年是在寒冷、饥饿中度过的。14岁那年，布劳格随父亲到田里去观察麦子的长势，他发现有的地块的麦子长得很好，有的地块的麦子却长得不好。有的相邻的两块地长势却大不相同，这究竟是什么原因呢？其实布劳格发现的这个问题，正是有待人们开拓的一个新的科学领域，发生在布劳格脚下这块土地上的这种现象，正是导致农业衰退的根本原因。

长大以后，布劳格考上了明尼苏达大学的林学系，但后来有一件事震动了他，使他改变了自己的专业。那是课后在校园里漫步时，布劳格被贴在演讲厅门前的一张“海报”吸引了，“海报”的内容是一次称作《病虫害、人口、世界性饥饿》的学术报告，他当即走进会场，仔细聆听了植物病理学系主任斯塔门博士的演讲。斯塔门博士富有说服力的理论使诺尔曼的心灵撞击着、震撼着。他把自己听到的有关世界性的饥饿、粮食、人口、病虫害、科学等，全都讲给女友玛格利特听，然后他十分庄重地对女友宣布：“我要跟着斯塔门博士学习和研究。”听了他的决定，玛格利特用赞同的口吻说：“好吧，你去读植物病理学研究生吧，让我去工作，这样咱们的生活也不成问题。”这是一个重要的决定，1938年年初，明尼苏达大学林学系毕业的高才生立即成了斯塔门博士的谷物植物病理学的研究生。布劳格开始了从事谷物植物研究的伟大事业。

1944年10月，布劳格跟随一个由农业专家组成的工作小组前往墨西哥。他们是被美国政府派去帮助墨西哥解决粮食问题的，具体的工作包括培育出适合当地生长的小麦、玉米和豆类的新品种，改良土地，改革农作制度。

墨西哥农民是在1901年的流血革命中分到土地的，但他们既不懂耕种技术，又没有农具。他们把政府给他们的贷款全部滥用掉，依照他们自己的方式年复一年地种地，从来不懂得什么饲养、种植、施肥等。几千年来，他们在这块土地上种植着同样的作物，土地的精华早已消耗殆尽，而他们却完全不懂得如何使土地恢复它的元气。人们用流传下来的老方式耕种，早已远远落后于时代，但就连有文化的农场主也不肯接受新的耕作方法。更令人感到无奈的是，他们迷信鬼神，无论如何都无法改变他们的这种愚昧无知和固执，农学家们在这样的环境中，很难开展工作。有位农民好不容易答应借给布劳格一英亩土地作为小麦试验田，但当布劳格把铁犁套在牛身上耕地时，那位农民却暴跳如雷地叫喊着：铁犁破坏了他土地的气脉。第二天当布劳格再到地里去时，发现自己种了麦子的地已经被牛蹄子踩得一塌糊涂了。但布劳格并不气馁，他决心要排除各种障碍，和小组的专家们一起培养出墨西哥自己的农学家队伍，使他们掌握美国使用的最新农业科技，独立承担发展本国农业的任务。然而困难是难以预料的，布劳格试验站培育的小麦新品种成功以后，决定立即向农民推广。但是农民们不以为然，谁也不肯带头试种。一位美国移民告诉诺尔曼，如果取得当地一位有钱有势的农场主罗道尔佛的赞同和支持，就有可能在这个地区打开局面。布劳格找到罗道尔佛后，很明显地感到罗道尔佛根本不相信他们的研究成果。布劳格只好决定在自己的试验田里开一个现场会，让罗道尔佛及附近农民亲眼看看自己培养的小麦旺盛的长势。但他把现场会的请帖发出去以后，竟然没有一个人来参加。他又生气又无奈，他盼望有机会能教训教训这位农场主。

机会终于来了。当地农民的麦田流行起了锈病，布劳格把这个消息告诉罗道尔佛，希望引起他的重视转而同意帮助推广自己扛锈病的小麦新品种，但罗道尔佛还是不同意，反而领布劳格去参观自己的麦田。布劳格当即告诉他：这种麦子遇到大风，颈部非常容易被折断，但罗道尔佛根本听不进去。10天以后，他打电话告诉布劳格他的小麦果然被大风吹断了一大半。这件事教育了罗道尔佛，他非常诚恳地对布劳格说："将来凡是你对我讲的话，我一定记住。"

第二年，布劳格又在自己的试验田里举办了现场会，亚基河谷的农民们在罗道尔佛的号召下都来参加了。接着在亚基河谷，推广小麦新品种的工作取得了很大成功。又一个麦收季节结束后，墨西哥亚基河谷的农民们取得了三倍于往年的收成，锈病没有带来威胁，农民们丰收了。农民们把布劳格看成了上帝的使者。

1947年夏天，在墨西哥城召开了拉丁美洲第一次科学会议，布劳格向与会的巴西、阿根廷、智利、秘鲁、哥伦比亚等国的农学家们介绍了自己在墨西哥发展小麦生产方面所取得的成就，人们以经久不息的掌声回报了他的努力。

20世纪60年代，布劳格成功地将"农林10号"矮秆基因用于小麦育种，育成了高产、抗病、适应性强的矮秆小麦。短短的四年时间内，这种矮秆小麦就在墨西哥广泛种植，播种面积达到总面积的95%，使墨西哥的小麦产量提高了近两倍。由于这些新品种均来自穿梭育种，适应性广，因此它也很快被推广到了拉丁美洲、中东、亚洲的一些国家，创造了小麦产量大幅提高的奇迹。

1963年，布劳格受命前往巴基斯坦和印度。然而，印度和非洲等国已经习惯了种植本土的谷物，如扁豆或木薯。最初，当地政府将布劳格的想法视为"西方植物取代本土种植物"而不予接受。但布劳格坚持认为，高产量的新式小麦增长迅速，在任何环境下都能生长，又因为其自身抗昆虫能力，不需要太多的杀虫剂，因此能够解决当地的饥荒问题。到了1965年，受印巴战争影响，当地饥荒加剧，两国才开始允许其进行矮生小麦的试验。

布劳格的实验成功了。这两个国家的小麦产量以每年70%的速度开始增长，饥荒得到了控制。1968年，美国国际发展机构在年度报告中将印度次大陆的粮食增长现象称为"绿色革命"。从此，布劳格就成了"绿色革命之父"。

从20世纪60年代到90年代，世界粮食产量翻了一倍，很多人认为，

"绿色革命"转变了19世纪前半时期的全球饥荒局面，并拯救了大约100万个生命。为了表彰布劳格对消除世界饥饿所作的杰出贡献，1970年他被授予诺贝尔和平奖，这是迄今为止，诺贝尔和平奖唯一一次授予一位农业科学家。此后，功成名就的布劳格并没有停下脚步，直至耄耋之年，他仍致力于消除非洲的饥荒。2007年，美国国会向布劳格颁发金质勋章，这是美国国会设立的个人最高荣誉。2009年9月12日，布劳格在德克萨斯家中逝世，享年95岁。

智慧人生

布劳格一生都在为改善他人生活、对抗人类贫困而努力，但他为人低调，生前鲜有人知。在成功的背后，谁又能知道他为此洒下了多少汗水，付出了多少代价，经受了多少失望与希望的煎熬。布劳格的默默无闻，正是科学精神的真正体现。

斯瓦米纳坦的绿色革命

20世纪60年代，亚洲遭遇严重的粮食危机，人口大国印度处于饥荒的边缘。危难时刻，一位科学家挺身而出，引导印度展开了一场“绿色革命”，通过改良小麦和大米品种，实现粮食大幅增产，成功地把印度从大饥荒的边缘拉回，令印度不但实现了建国以来粮食自给自足的梦想，而且还能有所出口。这位科学家就是被尊称为印度“绿色革命之父”的斯瓦米纳坦。

斯瓦米纳坦1925年出生在印度的泰米尔纳德邦，他的父亲是一名外科医生，也是圣雄甘地的坚定追随者，他的母亲来自印度南部一个颇有影响力的家族。斯瓦米纳坦的父母都非常注重个人修养，对工作非常认真，这些优秀品质都潜移默化地影响着小斯瓦米纳坦。在他们的照拂下，斯瓦米纳坦度过了幸福而衣食无忧的童年。1940年，年仅15岁的斯瓦米纳坦高中毕业，他考入印度南部港口城市特里凡得琅的王公学院，由于成绩优异，两年后即获得了动物学的学士学位。

20世纪40年代，独立前的印度局势动荡，粮食短缺，1942年至1943年，一场大饥荒席卷印度西部的孟加拉邦，饿殍遍野。斯瓦米纳坦曾亲眼目睹过印度南部农民的生存现状，在闻说孟加拉邦发生大饥荒后，他坐立不安，作出了一生中最重要的决定——投身农业。此后，他进入印度南部城市哥印拜陀农业学院继续深造，最后以优秀毕业生的身份毕业，获得了第二个学士学位——农业学学士。

1947年，印度从英国的殖民统治下独立，当年，斯瓦米纳坦来到位于首都新德里的印度农业研究院攻读遗传学和育种方面的硕士学位。不久后，斯瓦米纳坦来到位于荷兰的瓦格宁根大学遗传学学院进行土豆遗传学的研究。他成功地将一大批野生茄属植物的基因转换成可以广泛培育的可食用土豆基因，并将这一过程标准化。1950年，斯瓦米纳坦转到剑桥大学农业学院的育种研究所学习，两年后获得剑桥大学的博士学位。世界的大门继续向斯瓦米纳坦敞开。之后不久，斯瓦米纳坦接受了美国威斯康星大学的邀请，来到该大学做博士后研究，帮助威斯康星大学遗传学系建立了美国农业部土豆研究站。在美国期间，斯瓦米纳坦总共发表了9篇论文，学业成就令人瞩目。

1954年，斯瓦米纳坦回到了印度，开始进行杂交小麦的研究。经过艰苦的努力，他用优质日本麦种和墨西哥麦种培育出了一种非常适合印度气候的杂交小麦新品种。在这种小麦被培育出两年后，印度小麦产量迅速提高。20世纪60年代，印度水稻单位面积产量为每亩133千克，到了90年代中期，产量升至每亩400千克。印度不仅从此不再发生饥荒，而且成为全球主要稻米出口国之一。

如今，斯瓦米纳坦的“绿色革命”过去40多年了，印度农业再一次走到了十字路口。由于片面追求高产导致土地贫瘠，曾经夺目的“绿色”逐渐泛黄，印度人又开始面临人均口粮短缺的问题。在这个新的历史时刻，斯瓦米纳坦准备发起“第二次绿色革命”——结合科学、经济学和社会学来增加粮食产量的可持续发展农业。斯瓦米纳坦希望，保护性耕作以及绿色科技将为印度农业带来可持续发展，令印度成为世界更大的粮食出口国。

知识链接

“绿色革命”是指20世纪中期一些发达国家和墨西哥、菲律宾、印度、巴基斯坦等许多发展中国家，开展利用“矮化基因”，培育和推广矮秆、耐肥、抗倒伏的高产水稻、小麦、玉米等新品种为主要内容的生产技术活动。当时有人认为这场改革活动对世界农业生产所产生的深远影响，犹如18世纪蒸汽机在欧洲所引起的产业革命一样，故称之为“绿色革命”。

中国杂交水稻育种专家袁隆平

大米，是中国人的主要食品。可长期以来，水稻产量不高，人口又多，农民们成年累月种田栽稻，还是满足不了“吃”的需要。就是在这样的情况下，20世纪60年代，我国涌现出一位为国攻关，成功地解决了这个难题的科技新星，他就是被誉为“杂交水稻之父”的袁隆平。

袁隆平生于1930年，祖籍江西省德安县。1938年秋，因日本军国主义侵略我国，8岁的小隆平随父母逃难来到湖南。1946年，袁隆平又随父亲迁入汉口，进入汉口博学中学。两年后，他父亲又在南京政府侨务委员会谋到一份差事，袁隆平又进入南京中央大学附中学习。

袁隆平在高中读书时，一次游园活动使他对生机盎然的花草、果木和蓬勃生机的大自然，春华秋实的自然规律，产生了极大的兴趣。高中毕业时，他没有听从父亲要他报考南京的重点大学，以图将来升官发财、光宗耀祖的意见，转而报考了重庆相辉学院的农学系，并以优异的成绩被录取。四年的大学学习中，袁隆平广泛猎取各种知识，并对米丘林、摩尔根、李森科等人的多种不同学术观点的理论进行了初步的比较研究，打下了坚实的专业基础。

大学毕业后，袁隆平便来到了湖南安江农校任教。在教学当中，袁隆平不满足于仅当一名合格的中专老师，还想在农业科研上搞出点名堂来。10多年来，他始终坚持一边教学，一边科研，教学与科研、生产紧密结合。

20世纪50年代，生物教学中主要向学生讲苏联植物学家米丘林、李森科的遗传学说，他就按照其理论进行无性杂交、嫁接培养、环境影响等方面的实验，把月光花嫁接在红薯上、西红柿嫁接在马铃薯上、西瓜嫁接在南瓜上，得到了一些奇花异果，但并没有得到经济性状优良的无性杂交种。这引起他的深思，并决心扩大视野，另辟蹊径。到60年代，他从外文杂志中获悉，欧美的孟德尔、摩尔根创立的染色体、基因遗传学说，对良种繁育有重大指导作用。他就开始大胆地向学生传授染色体、基因学说，讲杂种优势利用在作物育种中的广阔前景，自己也开始向水稻的杂种优势利用方面探索。

1960年，袁隆平发现了天然杂交水稻，这种稻穗谷大粒多，子粒饱满，与众不同。袁隆平确信，搞杂交水稻的研究，具有光明的前景！可是，杂交水稻是世界难题。因为水稻是雌雄同花的作物，自花授粉，难于一朵一朵地去掉雄花搞杂交。这样就需要培育出一个雄花不育的稻株，即雄性不育系，然后才能与其他品种杂交，这是一个难解的世界难题。袁隆平知难而进，他认为，雄性不育系的原始亲本，是一株自然突变的雄性不育株，也能天然存在。中国有众多的野生稻和栽培稻品种，蕴藏着丰富的种子资源，是水稻的自由王国，“外国人没有搞成功的，中国人不一定就不能成功”。

从1964年6月起，袁隆平花了两年时间，带领妻子邓则，在稻田里前后共检查了14 000余个稻穗，找到了6株雄性不育的植株，对不育种子进行了无数次繁殖、试验。1966年6月，他将几年来研究杂交水稻的重要成果写成论文《水稻的雄性不孕性》发表在《科学通报》上。这篇重要论文的发表，被一些同行们认为是“吹响了第二次绿色革命”的进军号角。在各方面的支持下，袁隆平带领一批科技人员经过8年的奋斗，终于完成了“过五关”——提高雄性不育率关、三系配套关、育性稳定关、杂交优势关、繁殖制种关，1974年，第一个强优势组合“南优2号”杂交水稻试验成功。这种杂交水稻亩产达到1 000多斤，在全国推广后，我国稻谷在几年中增产了1 000多亿千克。

随着杂交水稻培育的成功和在全国大面积的推广，袁隆平名声大振。在成绩和荣誉面前，袁隆平公开声称，现阶段培育的杂交稻的缺点是“三个有余、三个不足”，即“前劲有余、后劲不足；分蘖有余，成穗不足；穗大有余，结实不足”，并组织助手们，从育种与栽培两个方面，采取措施加以解决。20世纪80年代初期，面对世界性的饥荒，袁隆平心中再一次萌发了一个惊人的设想，大胆提出了杂交水稻超高产育种的课题，试图解决更大范围内的饥饿问题。

1985 年，袁隆平以强烈的责任感，发表了《杂交水稻超高产育种探讨》一文，提出了选育强优势、超高产组合的四个途径，其中花力气最大的是培育核质杂种。可是多年的育种实践，却没有产生出符合生产要求的组合。他便果断迅速地从核质杂种研究中跳了出来，向新的希望更大的研究领域去探索。

袁隆平凭着丰富的想象、敏锐的直觉和大胆的创造精神，认真总结了百年农作物育种史和 20 年“三系杂交稻”育种经验，以及他所掌握的丰富的育种材料，于 1987 年提出了“杂交水稻育种的战略设想”，高瞻远瞩地设想了杂交水稻的三个战略发展阶段，即三系法为主的品种间杂种优势利用，两系法为主的籼粳亚种杂种优势利用，一系法为主的远缘杂种优势利用。这是袁隆平杂交水稻理论发展的又一座新高峰。

随着杂交水稻在世界各国的实验试种，杂交稻已引起世界范围内的关注。自 1981 年袁隆平的杂交水稻成果在国内获得新中国成立以来第一个特等发明奖之后，从 1985 年到 1988 年的短短 4 年内，又连续荣获了 3 个国际性科学大奖。国际水稻研究所所长、印度“绿色革命之父”斯瓦米纳坦高度评价说：“我们把袁隆平先生称为‘杂交水稻之父’，因为他的成就不仅是中国的骄傲，也是世界的骄傲，他的成就给人类带来了福音。”

智慧人生

袁隆平赞成这样一个公式：知识＋汗水＋灵感＋机遇＝成功。从这个公式我们可以看出，他绝对不是靠运气才搞出的杂交水稻。他是一个在自我理念的引导下不畏艰难才走向成功的典范，是一个一辈子都走在创新道路上的探索者。

植物学科猜想

人工种子的培育

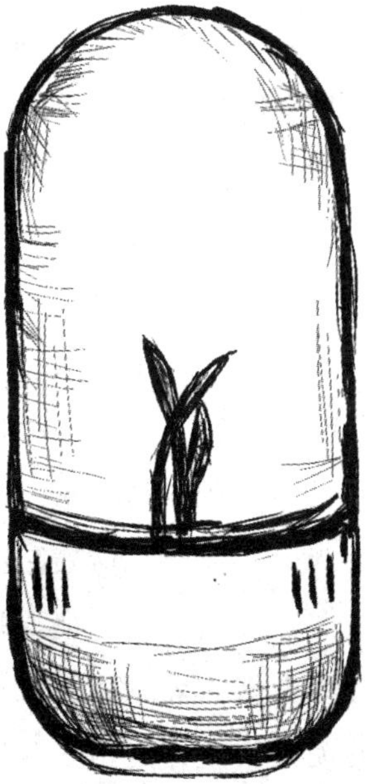

自古以来，农业生产需要花费大量的种子。特别是有些植物不结种子，或者种子昂贵，要得到快速繁殖，就受到极大的限制。为了解决大量繁殖种子的难题，科学家们进行了刻苦的研究，终于研制成功了人工种子。

人工种子又称人造种子，这是细胞工程中最年轻的一项新兴技术。这项技术从理论的提出到实施经历了相当长的历史。1902年，德国植物学家哈勃兰特根据细胞学说的理论，大胆预言植物身体上的每一个细胞在脱离母体后，只要给它合适的生活条件，都将能发育成跟原来植物体一模一样的植株。经过许许多多科学家的努力，1958年，美国植物学家用液体悬浮培养法培养胡萝卜的体细胞，得到胚状体，它是具有分裂能力的细胞团，胚状体进而发育成了完整植株，并能开花结果，使得哈勃兰特的预言变成了现实。

1978年，英国科学家穆拉希吉在加拿大召开的第4届国际植物组织、细胞培养会议上提出了“人工种子”的概念。他认为利用体细胞胚发生的特征，把它包埋在胶囊中，可以形成具有种子的性能并直接在田间播种的种子。

人工种子的概念一经提出，立刻吸引了不少生物学家们的注意。首先掌握人工种子技术的是美国人。经多年培育后，美国科学家们生产出了又大又嫩的杂种芹菜。遗憾的是这种芹菜好吃不好种，不但种子小、发芽慢，连杂交种子的获得也十分困难，因此种子价格极高。为解决这个问题，研究人员先把芹菜幼苗的嫩茎切成极小的碎片，使之在特定条件下诱发形成有生根发芽能力的胚状体，然后再用一种聚合物包裹作为人造种皮，做成了一种像小鱼肝油丸一样的胶囊种子。

继美国之后，日本、加拿大、芬兰、印度、韩国等国家也开展了人工种子的研究工作。参与欧洲尤里卡计划的法国、瑞士、西班牙等国也制成了胡萝卜、甜菜、苜蓿等植物的人工种子。我国继1988年在国际上首次研制成功水稻人工种子后，近年来又研制成了旱芹、杂交水稻等许多种作物的人工种子，并培育出一批性状稳定的种苗。

目前，人工种子制作技术已经拥有了良好的基础，但除了水稻、生菜等少数几种能较大面积在田间播种以外，大多数仍只是停留于实验室中的工作。一旦要求这一技术由实验室向商业化生产转化，还有不少问题未得到解决。尽管如此，世界各国都对其投入了很大的科研力量，原因不仅仅是因为通过这一技术可以实现种子的工业化生产、节约粮食，它至少还有如下几方面的价值：其一，利用很小一点植物组织，就能培养产生大量的胚状体，在苗木的快速繁殖、去病毒菌培养等方面具有很大的开发价值；其二，这一技术实际上是作物的无性繁殖，可用于固定杂种优势，强优势组合一经获得，便可多年利用，而不必通过诸如“三系配套”等复杂程序生产杂交种；其三，这一技术不仅证实了细胞具有再生植株的“全能性”，而且对研究细胞生长、分化过程中的遗传、生理、生化和代谢无疑有着重要意义。

人们普遍认为，人工种子是十分理想的快速繁殖新方法，它的应用预示着农业繁殖体系的一场革命，在这方面加紧研究带来的突破已为时不远了。

学科展望

人工种子技术目前主要有三大难题有待克服：首先，许多重要植物还不能培养出大量的高质量的体细胞胚；其次，现有的人工胚乳和种皮还不够理想，不能有效地防止微生物的腐蚀；最后，人工种子的自动化生产、机械包裹以及储藏技术还有待进一步完善。

不可思议的转基因蔬菜

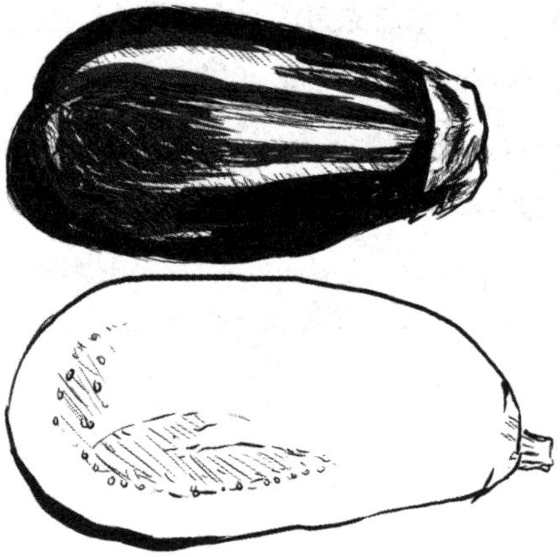

生物都是由细胞组成的，在细胞核里有一种遗传物质叫脱氧核糖核酸，它由两条螺旋形的长链组成，长链的一小片段，便是遗传基本单位基因，基因上储藏有遗传信息，因此生物的性状遗传是由基因决定的。科学家将基因从一种生物的细胞中取出，在体外进行重新组合后，再转移到另一种生物的活细胞中，即可创造出新的生物类型或培育出新品种，这就是转基因技术。人们利用转基因技术培育成的蔬菜新品种，被称为转基因蔬菜。

目前，世界上约有 3.5 亿人感染乙型肝炎，而通常的防治方法是采用混合疫苗接种。但是，这种方法成本高，培养并提纯疫苗费时费力。为此，德国的研究人员从实用角度考虑，选择了种植简单、储存方便的胡萝卜作为载体，将乙肝病毒的表面蛋白基因注入胡萝卜基因，同时通过一种催化剂提高胡萝卜基因中乙肝病毒蛋白的浓度。研究人员介绍，这种转基因胡萝卜外表与普通胡萝卜没有差异，只是在成熟之前需利用一种荷尔蒙激活其基因，使其释放出更大量的肝炎疫苗成分。

转基因西红柿是全球第一种允许上市的转基因蔬菜，早在 1994 年，美国就批准一种转基因西红柿上市，这种西红柿的皮比较厚，便于人们运输和储藏。后来又有人培育出具有一定抗癌功能的转基因西红柿。最近，以色列研究人员培育出一种能散发柠檬香味和玫瑰芳香的转基因西红柿，这种转基因西红柿的挥发性萜类化合物含量很高。挥发性萜类化合物具有杀虫、抗菌等特性，所以，转基因西红柿的保存期更长，无需杀虫剂也能快速生长。研究小组认为，像西红柿一样能产生类胡萝卜素的其他农作物和花卉，也能通过转基因技术改变气味和口感。

以色列成功研发了可在冬季生长的转基因辣椒，这种辣椒可在0～10℃的低温条件下顺利生长，而一般品种需要在20℃以上才可正常生长。这类新培育的辣椒有多种颜色、生长季长、果实坚硬抗挤压，而且还具有抵抗植物病毒的特性，这一系列转基因辣椒品种是由罗伯特史密斯植物科学研究所和希伯来大学共同研发的。广东省农科院和华南农业大学的科技人员培育出一批可抗青枯病的转基因辣椒株，可有效地减少病害，提高辣椒产量，减少农药对环境的污染。青枯病有“辣椒杀手”之称，是热带、亚热带地区最严重的蔬菜病害。

日本培育成功一种转基因生菜，其含铁量要比一般生菜高出将近1倍。这种转基因生菜是把大豆的铁蛋白基因植入生菜细胞中而培育出的，因而增强了生菜中铁质的含量，比一般生菜品种高出约1倍。按照全部铁质被人体吸收计算，成年人每天只要吃半棵这种生菜，就可满足生理需要。

人们一直对无子果实比较感兴趣，这是因为子往往坚硬且味道不佳，而且无子果实由于原来长种子的地方现在被果肉组织填充了，消费者用同样的钱就可以买到更多可食用的果肉，因此，农业上对培养无子果实很有兴趣。意大利研究人员将一个能够提高植物激素吲哚乙酸含量的基因转移到茄子中，培养出无子茄子。从经济角度看，这种转基因茄子与传统茄子品种相比主要有三大优势：其总体产量比传统品种可提高了30%以上，其培育成本与以往的无子果实相比大大降低，转基因茄子在正常条件下不适于果实生产的相对低温条件下也可生产。

不久前，美国科学家把人的基因转移给植物，获得了杂交体。因此，我们完全可以预言，在不久的将来，用基因工程技术，将人的泌乳基因转移给西红柿，将牛的基因转移给马铃薯，将鸡的基因转移给黄瓜，就有可能培育出有人乳营养成分的西红柿、有牛肉味的马铃薯、有鸡肉味的黄瓜等许多新奇的蔬菜，餐桌上的未来食物将丰富多彩。此外，不少科学家预测，将来会有一些具有药用价值的转基因蔬菜出现在医生的处方单上。

学科展望

将人工分离和修饰过的基因导入到生物体基因组中，由于导入基因的表达，引起生物体的性状的可遗传的修饰，这一技术称之为转基因技术。人们常说的“遗传工程”“基因工程”“遗传转化”均为转基因的同义词。尽管转基因农作物的安全性还没有得到完全的认可，但是科学家们还在不断地展开新的研究，2006 年全球转基因农作物种植面积已经突破 1 亿公顷。

植物也有血型不同之别

大家都知道，在人体的血管里流动着鲜红的血液，它将养料和氧气运送到身体的各个器官，将新陈代谢所产生的废物送到排泄器官，然后再排出体外，这样才维持了人的生命。血液有不同的类型，科学家称之为“血型”。科学家们通过研究证实，不仅人类有血型，动物也有不同的血型，例如：类人猿、猴子的血型与人类相同，也有A型、B型、AB型和O型4种血型。最使人感到惊奇的是，植物也有血型。这是科学上的一个新发现，也是有关科研项目的一个新课题。

人们发现植物有血型实属偶然。山本茂是日本警察科学研究所的一名法医，一天，有个名叫大岛川冈的人驱车经过千叶县城郊时，不慎撞伤了一名儿童。几天之后，警察追踪到他的车。经检验，汽车的前轮上不仅黏有那名儿童的O型血，而且还带有B型、AB型两种血迹。于是，警局指控大岛川冈撞过3个人。但面对证据，大岛川冈只肯承认撞伤过一名儿童，对另两项指控坚决予以否认。另一方面，警方也不能提供确凿证据，法院一时难以裁决。与此案相隔不久，一名妇女夜间死于床头。法医化验她的血迹为O型，而枕头上的血型却是AB型，于是被疑为他杀。除此之外，并无凶手作案的任何证据。这时有人半开玩笑地说：“莫非枕头内的荞麦皮属AB型?”谁知这个玩笑一般的提示，给了一筹莫展中的山本茂极大的启迪。他决定取荞麦皮进行化验，最后发现荞麦皮果真属 AB 型，这使山本茂如获至宝，欣喜若狂。他立即对大岛川冈的汽车重新取样验证，结果发现车轮上的 3 种血型中，有两种属于植物，至此，撞人案才水落石出。这一发现，引起了山本茂的浓厚兴趣，他又对 150 余种蔬菜、水果和 500 多种植物的种子分别进行了化验，结果有 19 种植物和 60 种植物的种子显现出了血型。在这显现出血型的 79 种植物中，半数为 O 型，其余的为 B 型和 AB 型。山本茂通过对大量植物的血型研究后在世界上首次宣布：植物也有血型。

山本茂的发现，引起了科学家的重视，不少学者对植物的血型进行了研究和探索。现已知道，山茶、葡萄、山槭、芜菁等植物为 O 型，桃叶珊瑚等植物为 A 型，扶芳藤、大黄杨等是 B 型，荞麦、李子、地棉槭为 AB 型。更有趣的是，人们还发现，同一种植物可以有不同血型，例如，槭科植物有 O 型和 AB 型两种血型，当叶片是黄色时，血型为 AB 型，而到秋天枫叶红了的时候，其血型又为 O 型。

植物本无血液，何以有血型之分呢？根据现代分子生物学的基础理论可知，人类血型指的是血液中红血球细胞膜表面分子结构的类型。而植物体内相应存在一类带有糖基的蛋白质或多糖链，或称凝集素，有的植物的糖基恰好同人体内的血型糖基相似。如果以人体抗血清进行鉴定血型的反应，植物体内的糖基也会跟人体抗血清发生反应，从而显示出植物体糖基有相似于人的血型。为了弄清血型植物的基本作用，科学家对植物界作了深入研究后得出的结论是：如果植物糖基合成达到一定的长度，在它的尖端就会形成血型物质，然后合成就停止了。血型物质的黏性大，似乎还担负着保护植物体的作用。

最近，对植物血型的研究又取得了新突破，法国科学家克洛德波亚德发现，在玉米、油菜、烟草等植物体中，含有类似人体的血红蛋白的基因。这表明植物也有造血功能，如果加入铁离子，就可以制造出人体需要的血红蛋白。因为血红蛋白是血液的重要组成部分，它容易与氧结合和分离，所以具有输氧功能。因此，如果这项试验获得成功的话，那将会出现一个惊人的奇迹——人们将能够利用植物来制造人体所需的血液。这种新型的植物血液，不仅不会因血型不同而出现免疫系统的排异问题，更不会传染艾滋病、肝炎等疾病给输血者。因此，新型的植物血液具有美妙的前景。

学科展望

对植物血型的探索，目前还只是刚刚拉开帷幕，尚待科学家们去进一步研究和探索。科学家研究植物血型的最终目标，就是要让植物为人类提供血源，使自然界繁茂的植物成为浩瀚的天然血库。随着科学技术的进步，我们深信新型植物血液造福人类已经为期不远了，到那时，人们再不必为血液库存量不足而发愁了。

植物能发电吗

植物是一种最古老的能源，它伴随人类走过了几十万年。然而，现在人们用石化燃料代替了植物，不少国家的农民还把收割粮食后剩下的秸秆“烧荒”。这是很可惜的，因为这不但会浪费能源，还会增加二氧化碳的排放量，污染环境。现在，不少国家开始开发利用植物能源的新方式。

英国的人口只占世界人口的1%，但是二氧化碳等温室气体的排放量却占世界总量的3%。因此，英国政府近年来在国际上承诺要降低二氧化碳的排放量。他们将投资650万英镑建一家“草电站”。草电站发电的主要原料是生长在当地的大量的象草。象草因为大象爱吃而得名，是热带、亚热带地区多年生草本植物，这种草生长比较快，植株可高达3～5米，可燃性好，却没有多少实际用途，用于发电算是“变废为宝”。草电站建成后将每天24小时运行，每小时可减少1吨二氧化碳排放量，这样一年就可以减少8 000吨左右的二氧化碳排放量。为什么用草发电就可以减少二氧化碳的排放量呢？这实际上是和火力发电相比较而言的。英国的火力发电站是排放二氧化碳的主要源头，英国大约有1/3的二氧化碳来自火力发电站。由于象草生长比较快，可以大量吸收二氧化碳，而采用象草发电后，排出的二氧化碳可以被附近生长的象草及时地吸收，二氧化碳的排出量会小于象草的吸收量，这样发电站就不会产生多余的二氧化碳。

法国科学家目前也正在研究用绿色植物发电。他们发现，广大地中海地区盛产各类常年生有刺茎的菊科植物，这些野生植物往往可以长到3

米多高，它们不但生长期短，而且可以割后再生。经法国、西班牙等国研究证实，这些植物产生的能源远远高于它们生长所消耗的能源，完全可以作为新能源得到大力开发。因为单纯靠野生菊科植物还不能满足发电的需要，所以法国正在加紧可行性研究，以便尽快大规模人工种植这类植物，为电力工业提供清洁、廉价的新能源。

在美国，科学家们正在考虑将农作物与煤以 1∶1 的比例混合来发电，这项技术适应一部分现有的发电站，而另一部分发电站只需做一些改变就可利用此技术。在农作物的选择上，科学家们倾向于杂交后的芒草。这种芒草产自日本的高纬度地区，其树叶是银色的，有点像羽毛。虽然芒草的产量平均只有每公顷 12 吨，但科研人员认为，这样依然很有推广价值。因为从能源的角度讲，这样的产量相当于 36 桶原油，以每桶原油 60 美元计算，1 公顷的产值相当于 2 160 美元。

近年来，我国在植物发电方面也取得了突破。上了国家首批外来入侵物种"黑名单"的植物大米草有望变废为宝，提供高度清洁的生物质能源。

大米草是美国的互花米草与欧洲米草的杂交种，1963 年被我国成功引进，我国南起广东、北至辽宁的 100 多个县市的沿海滩涂上均有生长。大米草具有耐盐碱、耐淹、根系发达等特点，最初对保滩护岸、促淤造陆起到了重要作用，被称为"先锋植物"。不过，大米草在全球范围内迅速蔓延，造成了生态失衡、航道阻塞，让人类无法控制，成了有名的外来入侵物种，在我国现已超过 5 000 万亩。作为"功臣"引入我国的大米草一旦发展成草害就难以根除，人工刀砍、挖掘、火烧、除草剂等办法都收效甚微，大米草每年都以五六倍的速度自然繁殖扩散，每平方米可生长 150 到 2 640 株。大米草草场一般每公顷年产鲜草 15 到 30 吨。实验表明，每 0.5 千克大米草可产生 1 立方米的可燃气，每 2 立方米可燃气能发电 1 千瓦时。这样，全国 5 000 万亩的大米草可气化发电 500 亿千瓦时至 750 亿千瓦时。

除了用象草、芒草、大米草等植物外，其他晒干的植物也可以用于发电。在瑞典首都斯德哥尔摩，一家从事废物回收的公司设有 7 处园艺垃圾回收场。在树木生长迅速的春季和夏季，有自己花园的居民几乎每星期都会割草、剪枝，而产生的垃圾按规定必须送到这些园艺垃圾回收场去。当垃圾堆放得像小山那样高时，公司就会派大卡车来，把草木、树枝一车车地送到工厂里去。在那里滤掉沙土后，大的枝干会成为造纸厂的原料，含木质多的枝叶晾干后送到发电厂，经高温燃烧后产生的热量可以为当地居民供暖。

学科展望

在印度，有一种非常奇特的树，如果人们不小心碰到它的枝条，立刻就会产生像触电一样的难受感觉。原来，这种树有发电和蓄电的本领。有人推测，这可能与太阳光的照射有关。这种“电树”引起了一些植物学家和生物学家的注意。如果它发电和蓄电的秘密被揭开的话，也许我们可以按照它的发电原理，制造出一种新型的发电机来。

植物与“石油”

随着石油等非再生性矿物资源的不断枯竭，液体燃料短缺将是困扰人类发展的大问题。在寻找新能源的过程中，科学家们欣喜地发现了“石油植物”。

所谓“石油植物”，是指那些可以直接生产工业用燃料油，或经发酵加工可生产燃料油的植物的总称。现已发现大量可直接生产燃料油的植物，这些“石油植物”能生产低分子氢化合物，加工后可合成汽油或柴油的代用品。

早在1928年，美国科学家在研究橡胶树时，就发现好几种植物的液汁中含有碳氢化合物，从这些植物的树皮、树干、树根、树叶和果实中流出的液体，都可以燃烧。有些植物的液汁，在科学家来研究它们之前，当地的老百姓就已将它们用来当燃料了。可惜的是，当时还未发生能源危机，人们对用植物生产燃油的兴趣并不大，所以没有引起重视。1973年后，由于能源危机的出现，促使科学家重视“石油植物”的研究。美国加利福尼亚大学教授卡尔文就为此而跑遍了世界各地，企图找到“石油树”。他的工夫没有白费，在巴西，卡尔文找到一种叫“苦配巴”的树。这种树是一种乔木，可长至30米高、1米粗。在树干上钻一个直径5厘米的孔，就可以流出一种油状树液，成分接近柴油。两三小时流出的“油”可达一二公升。这种树液不必加工，就可以当燃料用。

经过许多科学家的寻找，类似的植物不断被找到。如美国有一种杏槐，它的胶汁经过简单加工，可以成为一种燃料油。有人发现，12种大戟科植物，都可生出类似石油的燃油，如产在北美、西欧、非洲的含油大戟，是一种灌木，高约1.5～2米，它的胶汁状树液可以制成类似石油的燃料。

巴西亚马孙河流域的热带森林中，生长着一种油棕榈树，果实可生产燃油，泰国南洋油桐树的树籽也可提取燃油。我国海南岛尖锋岭、吊罗山等地的热带森林中，有一种油楠树，这种乔木和“苦配巴”类似，也可产柴油，一棵树一年可收获多达50千克的柴油。有一种含油桉树，树叶用水蒸气蒸馏，可以得到桉油，这种油与汽油类似，热值可达9 400千卡。

我国陕西还有一种白乳木，它也会流出一种白色的油，可以用来点灯和作润滑油。南美有一种绿玉树，树皮可流出血色液汁，可直接燃烧，因为像牛奶，所以又称“牛奶树”。墨西哥、美国和以色列等地，还生长一种叫霍霍巴的灌木，它的果实含有50%的液体蜡，也可以作燃料。菲律宾有一种汉加树，果实含有50%的酒精。

科学家还对有些已发现的含油树进行了引种，而且取得了可喜的收效。如美国曾引种了“苦配巴”树，在加利福尼亚州建立了种植试验场。结果，100棵“苦配巴”树一年能生产一二十桶柴油。日本也开始在冲绳岛引种“苦配巴”树，以期用它的柴油来开动货车。科学家还试种了含油大戟，结果1公顷含油大戟，一年至少可以收取25桶“石油”。据说，经过改良品种后，1公顷含油大戟年产油量可增至325桶。巴西栽种的油棕榈树，3年开始结果，每公顷油棕榈树果实可产油10 000千克。

石油植物作为未来的一种新能源，与其他能源相比，具有许多优点。首先，石油植物是新一代的绿色洁净能源，在当今全世界环境污染严重的情况下，应用它对保护环境十分有利。其次，石油植物分布面积广，若能因地制宜地进行种植，便能就地取木成油，而不需勘探、钻井、采矿，也减少了长途运输，成本低廉，易于普及推广。另外，植物能源使用起来要比核电等能源安全得多，不会发生爆炸、泄漏等安全事故。正是因为具有这样的优势，所以植物能源是目前最具有光明前景的领域。

学科展望

石油是不可再生的能源，它的枯竭是不可避免的。所以许多国家都在进行替代能源的研究，而开发石油植物，正好可以加强世界各国在能源方面的独立性，减少对石油市场的依赖，可以在保障能源供应、稳定经济发展方面发挥积极作用。

生长在宇宙中的植物——小球藻

随着宇航技术的飞速发展，人类进行星际旅行的时代很快就会到来。可是，要进行遥远的太空旅行，就必须由宇宙飞船自己制造食物和氧气。这就需要在飞船中栽种植物。能在飞船中栽种的植物必须身体小而轻，繁殖迅速，既能提供食物，又能提供氧气。科学工作者经过研究，发现小球藻是充当这个角色最理想的植物。

小球藻是一种微小的绿藻，它的外形多为球状，少数为椭圆形。小球藻的生命力很强，在大地回春万物生长的季节里，池塘、小溪中的水也在悄悄变绿，这就是水中的各种藻类也苏醒过来，开始繁殖生长的缘故。在众多的藻类植物中，要数螺旋藻和小球藻的营养价值最高。据测定，小球藻的蛋白质含量约为50%～55%，脂肪含量为10%～30‰，碳水化合物含量为10%～25%，虽然蛋白质含量稍低于螺旋藻，但后两项含量均高于螺旋藻。经计算，小球藻的营养价值相当于鸡蛋的5倍、花生米的2倍，被人们誉为“水中猪肉”。另外，小球藻还含有丰富的各种维生素，如维生素A、维生素B、维生素C等，都比一般蔬菜的含量高。小球藻中维生素C的含量为柑橘的2倍，更可贵的是，它还含有一般食物中所缺少的维生素B12。它含有的糖类中，有葡萄糖和果糖，很适合作人类的食品。早在第一次世界大战期间，德国为了解决粮食的短缺，就曾将小球藻作为新的食物来源加以研究和开发。第二次世界大战中，美国又利用小球藻作为航空食品，因为它具有航空食品所要求的重量轻、营养价值高的特点，第二次世界大战结束后，美国进行了小球藻的大面积培养，想用它来代替粮食。

现代科学研究发现，小球藻的营养价值大大超过鸡蛋、牛肉和大豆等高蛋白食物，用小球藻作食物对宇航员来说是再好不过的了。除了营养价值极高以外，小球藻用作宇航食品还有其独特的优势。小球藻的光合作用十分强烈，它的光合效率超过陆生植物的10倍。我们知道，植物在光合作用中吸收二氧化碳、放出氧气。有人计算过，1克小球藻在1天中，可以放出1～1.5克氧气。这样，小球藻在光合作用中放出的大量氧气，就能充分供应宇航员呼吸的需要，而宇航员呼出的二氧化碳，又能很快地被它的光合作用所利用。所以小球藻不仅是宇航员的理想食物，还是飞船中的“空气净化器”，而且这种活的“空气净化器”可以循环使用。

小球藻的繁殖能力也非常强。人们发现，它主要是靠分身法产生孢子来繁殖后代。一个小球藻，可以一分为二，然后是两个变四个，四个变八个，如果环境优越，1个小球藻的细胞内，可分出8～16个孢子。这些小小的孢子，长得很像它们的“母亲”。以后，孢子们慢慢长大，撑破母亲的肚皮，一个个散放出来，开始过独立生活。这时，身体长得和“母亲”模样相同、大小一样了。于是一个小球藻，经过分身法，就变成了8～16个小球藻。在环境条件适宜时，小球藻在一昼夜之间，可以产生两三代，数量能增加几十倍，而且一周后就能收获。

正是因为小球藻拥有如此多的优点，所以早有科学家提出，在以碳水化合物为主要食物而缺少蛋白质、脂肪和维生素营养的地区，可通过大量培养小球藻来进行补充营养。现在，美国科学家已经打算让小球藻陪伴宇航员去太空飞行，给宇航员提供氧气和食品。

学科展望

小球藻的太空试验证明，它在失重状态下也能迅速繁殖，有效地产生氧而不产生有毒物质。但小球藻等单细胞藻类食品还存在着味道不佳等问题，科学家们在解决这个问题的同时正在设想用海藻作为动物和家禽的饲料，再让它们供给星际飞船的乘员以肉类、牛奶和鸡蛋。

植物可以探雷吗

地雷是一种古老的爆炸性武器，19世纪中叶，随着各种烈性炸药和引爆技术的出现，地雷向制式化和多样化发展，从而诞生了现代地雷。第二次世界大战以来，世界局部战争此起彼伏，地雷成了冲突双方都要利用的廉价武器。但是地雷易埋难排，为了排除地雷不知有多少人非死即伤。现在，有的科学家们正在研制一种探测地雷的“新型武器”——植物探雷器。

据估计，现在全球70多个国家中共埋着1.1亿颗地雷，每年有约2.6万平民被炸死或炸伤，其中8 000人是儿童。目前人道主义排雷面临的最大问题是雷区规模太大，传统的探雷和排雷方法又太慢。虽然目前探雷设备已经非常先进了，但用它们来探测大片土地是否埋有地雷，成本却高得惊人。专家介绍，生产一枚反步兵地雷只需要3到30美元，但探测并排除一枚地雷却要数百乃至上千美元。于是，寻找一种新的扫雷技术便成为各国军事科研人员的首要任务。近年来，有的科学家们把目光瞄准了转基因植物。一般说来，埋在地下的各种地雷总要或多或少地向土壤中释放一些物质，用植物探雷的研究正是从这一点入手的。

加拿大科学家发现，一些细菌和有机物喜欢“吃”包括塑胶炸药和TNT在内的多种炸药，因为这些炸药中含有细菌生长所需的氢和氮。地雷虽掩埋在地下，但它的TNT炸药微粒却会不断地向土壤中渗透。如果从这些细菌或有机物中提取“感受器”基因，然后通过基因改良把它们移植到一些植物的根部。当这些“感受器”发现土壤中的TNT气味或颗粒时，就会向植物发出一系列信号，使它们的花或叶子改变颜色。这样地面上的人就会知道附近有地雷了。

无独有偶，就在加拿大研究植物探雷器的时候，丹麦科学家找到了一种名为阿拉伯芥的植物，他们准备通过改变阿拉伯芥的基因，使其成为探雷的“尖兵”。

阿拉伯芥含有一种通常到秋季才会发挥作用，使植物叶片变成红色的基因。丹麦科学家对这种植物进行了基因工程处理，使这种变色基因在遇到二氧化氮时就会“开启”。大多数传统炸药都会或多或少地释放出二氧化氮，转基因阿拉伯芥能够通过根部感知这种气体的存在。实验显示，在确认有地雷之后3～5周，转基因阿拉伯芥的叶子就会渐渐地由绿色变成红色，这样，人们就可以通过观察地面上阿拉伯芥的生长状况来判断地面下有没有地雷了。

南非科学家最近也培育出一种可以探测地雷的转基因烟草，这种植物中含有一种特殊基因，可以激活西红柿和苹果中含有的红色色素。当烟草的根系探测到地雷中泄漏出的二氧化氮时，绿色叶子随之变为红色，持续时间达10周之久。研究人员在实验室和温室对这种植物进行了成功测验，现在正在进行实地试验。

由于探雷植物需要数月才能成长起来，因而它们在战场上的用途并不大，但在战争结束后，把这些探雷植物的种子用飞机或直升机撒下去，等它们长出来后，人们从花或叶的颜色就可知道哪些区域布有地雷。

虽然现在有的科学家对植物探雷器的实用价值仍存在疑问，不过，更多的研究人员认为，植物探雷手段的问世，已经开阔了人们的视野，而且必将推动人类扫雷历程的新进展。

知识链接

用作“探雷器”的植物都是转基因植物。所谓转基因植物是拥有来自其他物种基因的植物。该基因变化过程可以来自不同物种之间的杂交，但今天该名词更多的是特指那些在实验室里通过重组DNA技术人工插入其他物种基因以创造出拥有新特性的植物。